战略性新兴领域“十四五”高等教育系列教材

碳资产管理与碳金融

主　编　徐向阳　崔　成
副主编　郝泽忠　陈秀兰
参　编　杨　洋　霍志佳　常可潆　龙　影

机械工业出版社
CHINA MACHINE PRESS

本书为我国培养“双碳”人才及高校开展“碳资产管理和碳金融”相关课程教学而编写。

本书由碳资产管理和碳金融两部分组成，主要内容包括：碳排放与气候变化政策分析、国外主要碳市场介绍、碳资产管理及相关理论、碳排放权交易体系的制度设计与主要内容、温室气体排放量的核查、碳市场交易工具、碳市场融资工具、碳市场支持工具、碳资产管理案例。本书紧密结合我国国情，对碳排放权交易的基本原理、试点实践和全国统一碳市场进行了详细的介绍，对《京都议定书》之后我国开展的大量市场化减排工作进行了系统的总结，并专章介绍了碳资产管理的相关案例，便于读者理解掌握相关理论知识，加深对本书核心内容的理解。

本书主要作为高等学校环境科学与工程类及管理学、经济学等相关专业的本科教材，也可供“双碳”领域的从业人员学习参考。

图书在版编目（CIP）数据

碳资产管理与碳金融 / 徐向阳，崔成主编. -- 北京 : 机械工业出版社，2024. 11. --(战略性新兴领域“十四五”高等教育系列教材). -- ISBN 978-7-111-77038-1

Ⅰ. X510. 6；F832. 2；X511

中国国家版本馆 CIP 数据核字第 2024KR1748 号

机械工业出版社（北京市百万庄大街22号　邮政编码100037）
策划编辑：冷　彬　　　　责任编辑：冷　彬　何　洋
责任校对：张亚楠　李小宝　　封面设计：马若濛
责任印制：刘　媛
北京富资园科技发展有限公司印刷
2024年12月第1版第1次印刷
184mm × 260mm・10.25印张・237千字
标准书号：ISBN 978-7-111-77038-1
定价：39.00 元

电话服务
客服电话：010-88361066
010-88379833
010-68326294

网络服务
机　工　官　网：www.cmpbook.com
机　工　官　博：weibo.com/cmp1952
金　书　网：www.golden-book.com
机工教育服务网：www.cmpedu.com

系列教材编审委员会

丛书序一

面对全球气候变化日益严峻的形势，碳中和已成为各国政府、企业和社会各界关注的焦点。早在2015年12月，第二十一届联合国气候变化大会上通过的《巴黎协定》首次明确了全球实现碳中和的总体目标。2020年9月22日，习近平主席在第七十五届联合国大会一般性辩论上，首次提出碳达峰新目标和碳中和愿景。党的二十大报告提出，“积极稳妥推进碳达峰碳中和”。围绕碳达峰碳中和国家重大战略部署，我国政府发布了系列文件和行动方案，以推进碳达峰碳中和目标任务实施。

2023年3月，教育部办公厅下发《教育部办公厅关于组织开展战略性新兴领域“十四五”高等教育教材体系建设工作的通知》(教高厅函〔2023〕3号)，以落实立德树人根本任务，发挥教材作为人才培养关键要素的重要作用。中国矿业大学（北京）刘波教授团队积极行动，申请并获批建设未来产业（碳中和）领域之一系列教材。为建设高质量的未来产业(碳中和）领域特色的高等教育专业教材，融汇产学共识，凸显数字赋能，由63所高等院校、31家企业与科研院所的165位编者（含院士、教学名师、国家千人、杰青、长江学者等）组成编写团队，分碳中和基础、碳中和技术、碳中和矿山与碳中和建筑四个类别（共计14本）编写。本系列教材集理论、技术和应用于一体，系统阐述了碳捕集、封存与利用、节能减排等方面的基本理论、技术方法及其在绿色矿山、智能建造等领域的应用。

截至2023年，煤炭生产消费的碳排放占我国碳排放总量的63%左右，据《2023中国建筑与城市基础设施碳排放研究报告》，全国房屋建筑全过程碳排放总量占全国能源相关碳排放的38.2%，煤炭和建筑已经成为碳减排碳中和的关键所在。本系列教材面向国家战略需求，聚焦煤炭和建筑两个行业，紧跟国内外最新科学研究动态和政策发展，以矿业工程、土木工程、地质资源与地质工程、环境科学与工程等多学科视角，充分挖掘新工科领域的规律和特点、蕴含的价值和精神；融入思政元素，以彰显“立德树人”育人目标。本系列教材突出基本理论和典型案例结合，强调技术的重要性，如高碳资源的低碳化利用技术、二氧化碳转化与捕集技术、二氧化碳地质封存与监测技术、非二氧化碳类温室气体减排技术等，并列举了大量实际应用案例，展示了理论与技术结合的实践情况。同时，邀请了多位经验丰富的专家和学者参编和指导，确保教材的科学性和前瞻性。本系列教材力求提供全面、可持续的解决方案，以应对碳排放、减排、中和等方面的挑战。

本系列教材结构体系清晰，理论和案例融合，重点和难点明确，用语通俗易懂；融入了编写团队多年的实践教学与科研经验，能够让学生快速掌握相关知识要点，真正达到学以致用的效果。教材编写注重新形态建设，灵活使用二维码，巧妙地将微课视频、模拟试卷、虚拟结合案例等应用样式融入教材之中，以激发学生的学习兴趣。

本系列教材凝聚了高校、企业和科研院所等编者们的智慧，我衷心希望本系列教材能为从事碳排放碳中和领域的技术人员、高校师生提供理论依据、技术指导，为未来产业的创新发展提供借鉴。希望广大读者能够从中受益，在各自的领域中积极推动碳中和工作，共同为建设绿色、低碳、可持续的未来而努力。

谢和平

中国工程院院士

深圳大学特聘教授

2024 年 12 月

丛书序二

2015 年 12 月，第二十一届联合国气候变化大会上通过的《巴黎协定》首次明确了全球实现碳中和的总体目标，“在本世纪下半叶实现温室气体源的人为排放与汇的清除之间的平衡”，为世界绿色低碳转型发展指明了方向。2020 年 9 月 22 日，习近平主席在第七十五届联合国大会一般性辩论上宣布，“中国将提高国家自主贡献力度，采取更加有力的政策和措施，二氧化碳排放力争于 2030 年前达到峰值，努力争取 2060 年前实现碳中和”，首次提出碳达峰新目标和碳中和愿景。2021 年 9 月，中共中央、国务院发布《中共中央 国务院关于完整准确全面贯彻新发展理念做好碳达峰碳中和工作的意见》。2021 年 10 月，国务院印发《2030 年前碳达峰行动方案》，推进碳达峰碳中和目标任务实施。2024 年 5 月，国务院印发《2024—2025 年节能降碳行动方案》，明确了 2024—2025 年化石能源消费减量替代行动、非化石能源消费提升行动和建筑行业节能降碳行动具体要求。

党的二十大报告提出，“积极稳妥推进碳达峰碳中和”“推动能源清洁低碳高效利用，推进工业、建筑、交通等领域清洁低碳转型”。聚焦“双碳”发展目标，能源领域不断优化能源结构，积极发展非化石能源。2023 年全国原煤产量 47.1 亿 t、煤炭进口量 4.74 亿 t，2023 年煤炭占能源消费总量的占比降至 55.3%，清洁能源消费占比提高至 26.4%，大力推进煤炭清洁高效利用，有序推进重点地区煤炭消费减量替代。不断发展降碳技术，二氧化碳捕集、利用及封存技术取得明显进步，依托矿山、油田和咸水层等有利区域，降碳技术已经得到大规模应用。国家发展改革委数据显示，初步测算，扣除原料用能和非化石能源消费量后，“十四五”前三年，全国能耗强度累计降低约 7.3%，在保障高质量发展用能需求的同时，节约化石能源消耗约 3.4 亿 t 标准煤、少排放 CO_2 约 9 亿 t。但以煤为主的能源结构短期内不能改变，以化石能源为主的能源格局具有较大发展惯性。因此，我们需要积极推动能源转型，进行绿色化、智能化矿山建设，坚持数字赋能，助力低碳发展。

联合国环境规划署指出，到 2030 年若要实现所有新建筑在运行中的净零排放，建筑材料和设备中的隐含碳必须比现在水平至少减少 40%。据《2023 中国建筑与城市基础设施碳排放研究报告》，2021 年全国房屋建筑全过程碳排放总量为 40.7 亿 t CO_2，占全国能源相关碳排放的 38.2%。建材生产阶段碳排放 17.0 亿 t CO_2，占全国的 16.0%，占全过程碳排放的 41.8%。因此建筑建造业的低能耗和低碳发展势在必行，要大力发展节能低碳建筑，优化建筑用能结构，推行绿色设计，加快优化建筑用能结构，提高可再生能源使用比例。

面对新一轮能源革命和产业变革需求，以新质生产力引领推动能源革命发展，近年来，中国矿业大学（北京）调整和新增新工科专业，设置全国首批碳储科学与工程、智能采矿工程专业，开设新能源科学与工程、人工智能、智能建造、智能制造工程等专业，积极响应未来产业（碳中和）领域人才自主培养质量的要求，聚集煤炭绿色开发、碳捕集利用与封存等领域前沿理论与关键技术，推动智能矿山、洁净利用、绿色建筑等深度融合，促进相关学科数字化、智能化、低碳化融合发展，努力培养碳中和领域需要的复合型创新人才，为教育强国、能源强国建设提供坚实人才保障和智力支持。

为此，我们团队积极行动，申请并获批承担教育部组织开展的战略性新兴领域“十四五”高等教育教材体系建设任务，并荣幸负责未来产业（碳中和）领域之一系列教材建设。本系列教材共计 14 本，分为碳中和基础、碳中和技术、碳中和矿山与碳中和建筑四个类别，碳中和基础包括《碳中和概论》《碳资产管理与碳金融》和《高碳资源的低碳化利用技术》，碳中和技术包括《二氧化碳转化原理与技术》《二氧化碳捕集原理与技术》《二氧化碳地质封存与监测》和《非二氧化碳类温室气体减排技术》，碳中和矿山包括《绿色矿山概论》《智能采矿概论》《矿山环境与生态工程》，碳中和建筑包括《绿色智能建造概论》《绿色低碳建筑设计》《地下空间工程智能建造概论》和《装配式建筑与智能建造》。本系列教材以碳中和基础理论为先导，以技术为驱动，以矿山和建筑行业为主要应用领域，加强系统设计，构建以碳源的降、减、控、储、用为闭环的碳中和教材体系，服务于未来拔尖创新人才培养。

本系列教材从矿业工程、土木工程、地质资源与地质工程、环境科学与工程等多学科融合视角，系统介绍了基础理论、技术、管理等内容，注重理论教学与实践教学的融合融汇；建设了以知识图谱为基础的数字资源与核心课程，借助虚拟教研室构建了知识图谱，灵活使用二维码形式，配套微课视频、模拟试卷、虚拟结合案例等资源，凸显数字赋能，打造新形态教材。

本系列教材的编写，组织了 63 所高等院校和 31 家企业与科研院所，编写人员累计达到 165 名，其中院士、教学名师、国家千人、杰青、长江学者等 24 人。另外，本系列教材得到了谢和平院士、彭苏萍院士、何满潮院士、武强院士、葛世荣院士、陈湘生院士、张锁江院士、崔愷院士等专家的无私指导，在此表示衷心的感谢！

未来产业（碳中和）领域的发展方兴未艾，理论和技术会不断更新。编撰本系列教材的过程，也是我们与国内外学者不断交流和学习的过程。由于编者们水平有限，教材中难免存在不足或者欠妥之处，敬请读者不吝指正。

刘波

教育部战略性新兴领域“十四五”高等教育教材体系

未来产业（碳中和）团队负责人

2024 年 12 月

前　言

实现碳达峰和碳中和是一场广泛而深刻的社会变革，这一社会变革将深刻改变我国原有的产业结构和经济体系。碳资产管理是实现“双碳”目标的关键，而碳金融是我国在未来碳市场建设中迫切需要加强的内容。

本书作为国家战略性新兴领域“十四五”高等教育系列教材之一，紧密结合国情、注重未来产业发展，分两部分详细介绍了碳资产管理和碳金融的主要理论与相关实践知识。其中，在碳资产管理部分，对碳排放权交易的基本原理、试点实践和全国统一碳市场进行了详细的介绍；在碳金融部分，除了介绍重要基础理论，还对《京都议定书》之后我国开展的大量市场化减排工作进行了系统的总结。

考虑到碳资产管理与碳金融课程交叉学科的教学特点，本书在编写过程中加强了对先修知识的介绍，便于开展教学；同时，注重理论联系实际，着重培养学生的碳资产管理和碳金融操作能力。

本书由长期从事碳减排与碳市场交易理论研究并具有丰富实践经验的多位作者共同编写，他们分别来自中国矿业大学（北京）、国家宏观经济研究院发改委能源所和北京中科宇杰节电设备有限公司。具体的编写分工为：第1章、第2章由徐向阳和崔成共同编写；第3章由常可潆和徐向阳共同编写；第4章由徐向阳和霍志佳共同编写；第5章和附录由杨洋编写；第6~8章由陈秀兰编写；第9章由龙影、徐向阳和郝泽忠共同编写。徐向阳负责编写大纲的完善与确定及全书的统稿。

本书部分内容的编写得到了中国工程科技发展战略湖北研究院项目“南水北调对汉江中游生态环境影响与对策”（HB2022C16）的资助。另外，国家能源集团的沈亚东专家为本书的编写提供了良好的建议和意见；湖北省襄阳市环境学会的黄平秘书长也为本书的编写提供了帮助。中国矿业大学（北京）的易思宇、宋曼、张建敏、赵永超、牛红莹和牛宇菲在本书编写过程中参与了资料搜集与整理工作。在此一并表示衷心的感谢。

碳资产管理与碳金融领域属于交叉学科，内容广泛、涉及行业众多，由于编者知识领域有限，加之时间紧迫，书中不足和错漏在所难免。希望读者在使用本书时，及时向我们反馈意见，以促进我们不断完善相关内容，加快推进我国“双碳”相关学科专业建设和人才培养的步伐。

编　者

数字资源（重要知识点授课视频）目录

序号	视频名称	章节	二维码
1	国际气候变化谈判与 COP	1.1.1 节	
2	主要碳市场和交易量	2.1.1 节	
3	配额分配的原则与方法	3.2.4 节	
4	企业碳资产管理实务	3.4 节	
5	全国统一碳市场建设	4.1.3 节	
6	第三方核查体系中的主要内容	4.4 节	
7	温室气体排放清单的编制	5.3.1 节	

（续）

序号	视频名称	章节	二维码
8	碳期货的概念界定	6.2.1 节	
9	碳基金的概念界定	8.2.1 节	
10	煤矿甲烷排放测算	9.2.2 节	
11	区域森林碳汇资产管理案例介绍	9.3 节	

目 录

第1章 碳排放与气候变化政策分析

1.1 碳排放问题与碳中和

1.1.1 碳排放问题

国际气候变化
谈判与 COP

进入 20 世纪以来，全球工业化进程加快，碳排放量由 1998 年的 241.5 亿吨跃升至 2021 年的 363 亿吨。在能源尚未实现大规模低碳转型的情况下，预计在未来 20 年内全球气温还将继续升高。为应对气候变化带来的挑战，各国政府先后达成了一系列国际气候公约。1992 年 5 月通过了《联合国气候变化框架公约》（*United Nations Framework Convention on Climate Change*，UNFCCC），首次确定了国际基本减排合作框架；1997 年 12 月签订了《京都议定书》（*The Kyoto Protocol*），提出了强制性量化减排目标，规定了各国减排义务；此后，2007 年12 月颁布的“巴厘岛路线图”（Bali Roadmap）、哥本哈根会议、德班会议等对既有减排规定做出了补充和完善；2015 年 12 月，《巴黎协定》（*The Paris Agreement*）的签署进一步明确了 2020 年以后的国际气候治理格局及减排合作模式，提出了全球减排新目标；2021 年 11 月通过了《格拉斯哥气候协议》（*Glasgow Climate Pact*），完成了对《巴黎协定》中市场机制、透明度等实施细则谈判。

碳排放权交易机制被视为有效的减排途径。《京都议定书》时期便鼓励各国通过碳排放权交易机制减排，《巴黎协定》进一步形成了新一代国际碳减排交易机制。截至 2022 年 1 月，全球已有 25 个碳排放权交易体系生效，覆盖了全球约 17%的温室气体排放量。其中，欧洲、北美及东亚等地区碳市场发展基础较好。欧盟碳市场是全球最早启动的碳市场，也是首个超国家规模的碳排放权交易体系；北美地区的美国、加拿大碳市场较为成熟，尽管尚未形成国家层面的碳排放权交易体系，但地区级碳市场特色鲜明，如美国的加利福尼亚州（简称加州）碳市场、区域温室气体倡议（Regional Greenhouse Gas Initiative，RGGI）和加拿大的魁北克碳市场等。同时，墨西哥也顺利过渡到全国碳市场阶段。东亚地区碳市场发展同样各具特色。我国已于 2017 年建立了全国统一碳市场；日本于 2010 年开始以地区碳市场为主，同步开展了国家级自愿碳排放权交易；2015 年韩国国家级碳市场平稳运行。此外，还有 22 个碳市场正在建设或考虑中，主要集中在东南亚和南美洲。南亚、西亚、北非及撒哈拉以南地区则暂无碳市场。

我国碳排放体量巨大，2022 年碳排放量达到 121 亿 t，约占全球碳排放总量的 1/3，减排需求迫切。碳交易与碳税均为有效的碳定价机制，相比碳税，碳市场更适用于碳排放强度较高、交易成本较低的领域，符合目前我国等发展中国家的减排需求。我国作为碳排放大国，全国统一碳市场的建设对全球气候治理进程有着至关重要的影响，如何兼顾减排与经济的发展、探索符合我国实际的碳市场发展模式成为亟须解决的难题。此外，我国周边多为发展中国家，碳排放量逐年上升，全球环境问题持续恶化，对我国的环境治理产生了不容忽视的影响。我国的减排道路与周边及世界各国息息相关，实现减排目标需要各国的通力合作，国际碳市场为减排合作提供了新模式。

1.1.2 碳中和

碳中和（Carbon Neutrality）是指国家、企业、产品、活动或个人在一定时间内直接或间接产生的二氧化碳（CO_2）或温室气体排放总量，通过植树造林、节能减排等形式，抵消自身产生的二氧化碳或温室气体排放量，实现正负抵消，达到相对“零排放”。简单来说，碳中和是指人类经济社会活动所必需的碳排放，通过森林碳汇和其他人工技术或工程手段加以捕集利用或封存，而使排放到大气中的温室气体净增量为零。2015 年 12 月签署的《巴黎协定》第一次提出了碳中和的概念，并催生了全球和国家层面的碳中和目标，形成 2020 年以后的全球气候治理格局。其长期目标是将全球平均气温较前工业化时期上升幅度控制在 2℃以内，努力将温度上升幅度限制在 1.5℃以内，并在 21 世纪下半叶实现碳中和。

为了应对气候变化问题，积极落实《巴黎协定》的号召，我国在 2020 年 9 月 22 日第七十五届联合国大会上向世界承诺：中国将提高国家自主贡献力度，采取更加有力的政策和措施，二氧化碳排放力争于 2030 年前达到峰值，努力争取 2060 年前实现碳中和。“双碳”目标的提出，标志着我国对促进经济高质量发展和生态环境保护的决心。但是，我国也面临着严峻的挑战。

1）总量大、时间紧。我国是世界上最大的碳排放国，相较于欧美等发达国家从碳达峰到达碳中和需要 45 年左右或者更长的时间，我国的减排转型时间只有 30 年。

2）发展与减排的平衡。我国仍处于发展中国家阶段，GDP 增速仍保持较高水平，能源消耗持续增长不可避免。

3）以化石能源为主的能源消费结构。我国亟须加速从以化石能源为主向以可再生能源为主的能源消费结构转变，清洁能源利用技术及能源利用效率有待进一步提升。

4）国内各地区发展水平及产业结构存在差异。经济欠发达地区城镇化水平较低且存在大量落后产能，社会经济发展对能源生产、建材生产等传统高碳产业的需求客观存在，产业结构优化及绿色转型存在较大阻力。

为了解决上述一系列问题，我国采取了调整产业结构、优化能源结构、节能提高能效、推进碳市场建设、增加森林碳汇等一系列措施，不断完善应对气候变化工作的顶层设计，制定中长期温室气体排放控制战略，编制实施国家适应气候变化战略，积极主动开展适应气候变化的各项工作。

1.2 国际气候变化谈判

自 20 世纪 90 年代起，世界各国就开始为气候变化付出努力，至今已历时 30 多年，先后达成了《联合国气候变化框架公约》《京都议定书》及《巴黎协定》等一系列国际气候公约。最近 30 年来国际气候谈判十分曲折，由于利益诉求的不同，各国在减排义务承担上存在诸多分歧，国际气候变化谈判多次陷入僵局。直到 2015 年 12 月《巴黎协定》的提出，推动了全球气候治理的进程，开启了全球气候治理的新篇章。下面将分阶段介绍全球气候治理在多边平台上的谈判发展历程。

1.2.1 国际气候变化谈判准备阶段

全球气候治理最早可追溯至 1972 年 6 月的联合国人类环境会议，作为会议成果文件之一的《人类环境行动计划》（*Action Plan for the Human Environment*）在第 70 条建议中正式提出："建议各国政府注意那些具有气候风险的活动。" 1979 年 2 月，第一次世界气候大会在瑞士日内瓦召开，会议指出，如果大气中二氧化碳含量保持当时的增长速度，那么到 20 世纪末气温上升将达到"可测量"的程度，到 21 世纪中叶将出现显著的增温现象。1987 年 2 月，世界环境与发展委员会发布了一份重要报告《我们共同的未来》（*Our Common Future*）。该报告明确提出，气候变化是国际社会面临的重大挑战，呼吁国际社会采取共同的应对行动。1988 年 11 月，联合国政府间气候变化专门委员会（Intergovernmental Panel on Climate Change，IPCC）成立，其主要任务是整理气候变化科学知识的现状，评估气候变化对社会、经济的潜在影响以及评估适应气候变化的对策的可行性。这些工作都为后面《联合国气候变化框架公约》（简称《公约》）的制定打下了坚实的基础。1990 年 12 月，IPCC 在第 45/212 号决议的通过下成立，正式拉开了国际气候变化谈判的历程。经过两年间的 6 轮谈判，最终在 1992 年 5 月正式通过了《联合国气候变化框架公约》，并于 6 月进行了正式签署。截至 2023 年 7 月，全球共有 198 个缔约方。

1994 年 3 月，《公约》正式生效，其核心内容主要有四点：①确立应对气候变化的最终目标；②确立国际合作应对气候变化的基本原则，主要包括"共同但有区别的责任"原则、公平原则、各自能力原则和可持续发展原则等；③明确发达国家应承担率先减排和向发展中国家提供资金技术支持的义务；④承认发展中国家有消除贫困、发展经济的优先需要。

1.2.2 国际气候变化谈判发展阶段

由于《联合国气候变化框架公约》只是确立了全球气候治理的基本框架，约定了全球合作的总体目标和原则，并没有具体的分国家、分阶段的减排行动计划和减排指标。因此，1995 年 3 月在第一次缔约方大会（COP1）上通过了"柏林授权（Berlin Mandate）"，决定制定一项具有法律约束力的议定书，以此来量化发达国家在一定阶段的减排指标。在随后 1998 年 5 月的日内瓦会议上，通过了《日内瓦部长宣言》（*Geneva Ministerial Declaration*），又重申维护《公约》的基本准则和承诺，并规定"柏林授权"中所提议定书的谈判和制定应将各国的气候保护措施纳入法律的框架内，使其更具有约束意义。终于在 1997 年京都举行的第三次缔约方会议（COP3）上，各国签署了第二份具有里程碑意义的《京都议定书》，于 2005 年 2 月 16 日正式生效，截至 2023 年 7 月，共有 192 个缔约方。

《京都议定书》明确了阶段性的全球减排目标以及各国承担的任务和国际合作模式。具体而言，《京都议定书》秉持“共同但有区别”的原则，对发达国家分配气候减排任务，而不对发展中国家做出新的要求。同时，《京都议定书》确定了“自上而下”的强制减排机制，针对发达国家的减排目标做出了规定，要求《联合国气候变化框架公约》附件一国家在第一承诺期 2008 年—2012 年间，将年均温室气体排放总量在 1990 年的基础上至少减少 5%，在第二承诺期 2013 年—2020 年间，将年温室气体排放量从 1990 年水平至少减少 18%。还规定了具体要减排的 6 种温室气体。另外，《京都议定书》还规定了三种市场化的减排机制，分别是排放贸易（International Emission Trading）、共同履约（Joint Implement）和清洁发展机制（Clean Development Mechanism）。其中，我国作为发展中国家参与最多的是清洁发展机制。上述三项市场化机制作为《京都议定书》附件一国家完成温室气体减排任务的市场化手段。

1.2.3 国际气候变化谈判的僵持阶段

《京都议定书》虽然在 1997 年 12 月通过，但其生效过程并不顺畅。原因在于《京都议定书》只规定了发达国家的减排责任，并未对发展中国家做出规定。而美国、加拿大、日本等发达国家认为发展中国家的工业化进程会产生大量的碳排放，必须共同承担气候减排责任。中国、印度等新兴经济体，成为被敦促减排的主要对象，《京都议定书》也受到了非欧盟发达国家组成的伞形集团（Umbrella Group）的抵制，要求部分发展中国家也要开展与发达国家同等的减排行动。2001 年 3 月，美国以《京都议定书》不符合美国利益为由，公开宣布退出《京都议定书》，使气候减排的进程受到了重创。为了继续推进全球气候治理，在 2003 年第九次缔约方会议（COP9）上，缔约方提出了 20 条具有法律约束性的环保决议，用于降低抑制气候变化带来的经济损失，并且对清洁发展机制进行了细化，但依旧没有缓解当下的局势，俄罗斯仍对《京都议定书》秉持否决态度。直至 2004 年，欧盟出面允许俄罗斯加入世界贸易组织，才促使其签署了《京都议定书》的批准文件。《京都议定书》于 2005 年 2 月16 日正式开始生效。

《京都议定书》虽然规定了具体的减排目标和机制，但由于承诺期分为两个阶段，具体的任务分配还有空缺。2005 年 11 月，COP11 在加拿大蒙特利尔举行，针对第二承诺期的具体减排指标谈判正式启动。2007 年 12 月，COP13 在巴厘岛举行，对一期承诺到期后如何控制温室气体排放进行了详细的探讨，通过了《巴厘岛行动计划》（*Bali Action Plan*），形成了“巴厘岛路线图”，提出了“双轨”并进的谈判形式，“一轨”面向发达国家，敦促其履行《京都议定书》中的减排指标，“另一轨”面向发展中国家，要求其在发达国家的资金和技术支持下采取适当的减排行动，还将美国重新纳入京都气候治理变化机制中。本次大会重申了“共同但有区别的责任”，对发展中国家适应和用于气候减排和适应行动的技术开发和转让及资金援助问题给予了重大关切，体现了国际社会为全球气候治理做出的努力和妥协。

由于“巴厘岛路线图”为各方妥协的产物，终究无法避免矛盾的显现。2009年，COP15在哥本哈根召开。会议通过了《哥本哈根协议》（*Copenhagen Accord*），该协议仍然采用“双轨”的谈判形式，将气候减排目标更加具体化，以2℃作为气温变化的上限，并对谈判中的减缓、适应、资金和技术等要素提供了方向性指导。但因各缔约方所形成的主权利益攸关方集团对减排任务的不同立场，针对“责任共担”等主要问题的理解存在分歧，《哥本哈根协议》未获得多数缔约方的签署，不具有法律约束。哥本哈根大会最终也以失败告终，南北国家在气候治理上的分歧也逐渐加大，国际气候变化谈判一度陷入了僵局。

为了解决哥本哈根大会的遗留问题，2010年在坎昆启动了新一轮的气候谈判。会议通过了《坎昆协议》（*Cancun Agreement*），囊括了《哥本哈根协议》的主要共识，确立了依据本国国情实施气候减排行动的原则，也针对发达国家气候资金技术的援助问题提供了新的解决办法。但就实施的具体细则，发展中国家和发达国家仍未达成共识。因此，坎昆大会虽然在一定程度上解决了哥本哈根大会的遗留问题，但由于《坎昆协议》并未获得一致同意，且不具备法律约束条件，仍然无法改变气候谈判陷入僵局。

2011年，南非德班大会授权开启“2020年后国家气候制度”的“德班平台”谈判进程，但整体而言仍无法调和发达国家和发展中国家在气候减排中的利益矛盾。2012年，多哈大会延续气候变化谈判的步伐，从法律上确保了2013年起以8年为期限的《京都议定书》第二承诺期的执行。2014年，COP20在秘鲁利马举行，此次会议的重点在于解决自德班大会（COP17）后历届会议的遗留问题，核心议题是起草一份COP21的相关决议草案。会议明确了华沙大会提出的“国家自主贡献”原则，要求各缔约方在2015年提交各自的自主贡献减排计划。国家自主贡献考虑到了不同国家的国情差异性，强调要协调发达国家和发展中国家之间的关系，更多地考虑了各国的基本利益，进一步推动了气候谈判的进程。此次大会形成了《利马气候行动呼吁》（*Lima Call for Climate Action*），国际气候治理体系模式自此由“自上而下”模式转为以自主贡献为核心的“自下而上”模式。另外，大会还通过了《巴黎协议》相关草案，为接下来COP21的召开奠定了基础。

1.2.4 国际气候变化谈判再次启程

2015年11月，COP21在法国巴黎召开。此次谈判达成了继《联合国气候变化框架公约》和《京都协定书》之后的第三个关于应对气候变化的国际法律文本——《巴黎协定》，该协定于2016年11月正式生效。《巴黎协定》确立了2020年后的全球气候治理框架，是多边气候变化进程中的一个里程碑，也是历史上首个具有法律约束力的协定。它将所有缔约方聚集到一个共同的事业中，为应对气候变化和适应其影响开展有雄心的行动。

作为新时期全球气候治理减排文件，《巴黎协定》的特点主要体现在以下几个方面：①对长期目标的规划不同。相对于《京都议定书》中笼统地规定将温室气体排放量至少比1990年水平削减5%，《巴黎协定》的目标是将全球气温升幅控制在工业化前水平以上低于2℃，最好是1.5℃之内。②要求参与气候减排行动的缔约方范围不同。《京都议定书》只针对附件一中国家采取具体的减排行动，对发展中国家并未要求采取实际的行动；而《巴黎协定》要求所有缔约方根据国情和总体减排目标提交自主贡献计划。③气候减排形式不同，国际气候治理体系模式由《京都议定书》的“自上而下”模式转向《巴黎协定》倡导的以自主贡献为核心的“自下而上”模式。另外，在国家互动方面，《巴黎协定》为向有需要的国家提供资金、技术和能力建设支持提供了一个框架，并提出了全面实现技术开发和转让的愿景，让更多的发展中国家有能力参与到气候变化应对中。

由于存在利益冲突，落实《巴黎协定》的过程也并非一帆风顺。2016 年 11 月，COP22 在摩洛哥马拉喀什举行。大会通过《马拉喀什行动宣言》(*Marrakech Action Proclamation*)，但就发达国家出资问题仍存在分歧。2017 年 6 月，美国特朗普政府宣布退出《巴黎协定》，10 月废除国内《清洁电力计划》(*Clean Power Plan*)。此举增加了各国的减排负担，同时也增加了实现 2℃温控目标的困难，全球气候治理进程受到严重阻碍。2018 年 IPCC 提交《全球变暖 1. 5℃》(*Global Warming of 1. 5℃*) 特别评估报告，要求到 2030 年，全球碳排放量需要比 2010 年的水平下降约 45%，到 2050 年左右达到碳中和。一些石油生产国（俄罗斯、美国、沙特、科威特等）拒绝接受。2018 年 12 月，COP24 在波兰卡托维兹举行。大会最终通过《巴黎协定》的实施细则，确保《巴黎协定》的全面实施，但对碳市场的管理未能达成一致，也未就加强国家自主贡献做出承诺。2019 年 12 月，COP25 在西班牙马德里举行，主要就《巴黎协定》实施细则中的遗留问题进行谈判，但谈判各方在资金、技术、能力、可持续发展机制等方面仍有分歧。2020 年以后，大国对解决气候问题的意愿与决心有所提升，加强了推动合作的战略举措。2020 年 9 月，中国宣布碳达峰和碳中和目标。这反映了《巴黎协定》“最大力度”的要求，体现了中国政府应对气候变化的最大决心。2021 年 2 月，美国重新加入《巴黎协定》，联合国表示欢迎。2021 年 11 月，COP26 在英国格拉斯哥举行，大会达成《格拉斯哥气候公约》(*Glasgow Climate Compact*)。会议就《巴黎协定》第六条关于碳交易的市场机制达成了协议，通过了“合作方法”和“减排机制”两个决定。合作方法的核心是国际减排成果转让的问题，即《巴黎协定》某缔约方可以通过购买在另一缔约方产生的减排量，完成自身在《巴黎协定》下做出的国家自主减排贡献（Nationally Determined Emission Reduction Contributions）目标。其中，减排机制的核心是设计了一个新的减排量生成机制，这个新机制取代《京都议定书》下的清洁发展机制。预计这些规则将为国际碳市场奠定基础。11 月 11 日，在 COP26 举行期间，中国和美国发表《中美关于在 21 世纪 20 年代强化气候行动的格拉斯哥联合宣言》。“在有意义的减缓行动和实施透明度框架内，到 2020 年并持续到 2025 年每年集体动员 1000 亿美元的目标”写入了该宣言中，以回应发展中国家的需求，强调尽快兑现该目标的重要性。

第2章 国外主要碳市场介绍

2.1 欧盟碳市场

2.1.1 欧盟碳市场介绍

主要碳市场和交易量

欧盟碳市场全称为欧盟碳排放权交易体系（European Union Emissions Trading Scheme，EU ETS），自 2005 年开始运行就成为世界上最大的碳市场，占据了世界碳市场绝大部分份额。以 2022 年为例，其碳交易额达 7514.59 亿欧元，占全球总量的 87%。目前，EU ETS 在 30 多个国家运行，限制了超过 1.1 万座高能耗设施（发电厂和工业厂房）和航空公司的温室气体排放，覆盖欧盟约 45%的温室气体排放，是其他国家和地区进行碳市场建设的主要借鉴对象。此外，2021 年—2022 年，全球碳定价收入 840 亿美元，比 2020 年提高了 310 多亿美元，其中，EU ETS贡献了全球碳定价收入的 41%。2023 年 2 月，受欧盟立法机关正式通过欧盟碳边境调节机制的利好消息影响，欧盟碳价首次站上 100.70 欧元/t 的历史高位。EU ETS 的发展大致分为四个阶段（表 2-1）。总体来看，覆盖行业逐步扩大，配额总量逐步收紧，减排承诺越发严格。

表 2-1 EU ETS 不同阶段的基本情况表

阶段	第一阶段	第二阶段	第三阶段	第四阶段
期限	2005 年—2007 年（试验时期）	2008 年—2012 年（改革时期）	2013 年—2020 年（深化时期）	2021 年—2030 年（常态时期）
减排目标	达成《京都议定书》第一承诺期减排要求，建立基础设施和碳市场	在 1990 年的基础上减少 8%温室气体排放	在 1990 年的基础上减少 8%温室气体排放	在 1990 年的基础上减 40%温室气体排放
覆盖行业	电力、能源、石化、钢业、水泥、玻璃、陶瓷、造纸等	第一阶段行业及航空部门	扩大的工业部门及航空部门	与第三阶段一致
温室气体类型	CO_2	CO_2、N_2O	CO_2、N_2O	CO_2、N_2O、PFCs

（续）

阶段	第一阶段	第二阶段	第三阶段	第四阶段
允许排放量（tCO_2e[①]）	2096	2049	2084	1610
总量设定	22.36亿t/年	20.98亿t/年	2013年为20.84亿t/年，之后每年线性减少74%	每年线性减少2.2%
配额方法	95%配额免费分配	90%配额免费分配	电力行业100%拍卖；工业企业2013年免费发放80%，拍卖20%，逐年减少，至2020年免费发放的配额下降到30%	电力行业100%拍卖；总配额的40%免费分配，至2026年降至0
特点	免费分配供大于求	跨期结转需求减少	配额拍卖稳定储备	收紧上限创新融资
市场表现	成员国上报的碳配额需求普遍虚高，配额总量超过了实际排放量3亿t，导致2006年欧盟碳排放配额（EUA）期货价格暴跌，从最高点30欧元/t跌到10欧元/t，再加上第一阶段不允许跨期储存，2007年年末EUA价格已逼近0欧元	受金融危机影响，各成员国碳配额需求大幅减少，EUA价格大幅下跌，2009年年初欧盟在价格剧烈波动时进行回购操作，平抑市场波动；2009年—2011年EUA价格渐趋稳定，保持在15欧元/t左右	2014年2月欧盟启动折量拍卖计划，短期刺激碳价格达到7欧元/t，但很快回到4.6欧元/t。2018年，欧盟宣布启动市场稳定储备（MSR），市场对碳配额预期收紧，价格迅速攀升，至2019年8月，价格最高达到28.7欧元/t	受需求拉动影响，EUA期货价格在2021年12月8日达到历史最高点88.97欧元/t

① CO_2e表示二氧化碳当量。

2.1.2　欧盟碳排放权交易体系运行机制

EU ETS使企业的减排方式更加灵活，降低了减排成本。具体运行机制如下：

1）总量控制与配额分配机制。一方面，总量控制是EU ETS的核心交易原则，配额总量呈递减且速率加快的态势。在前两个阶段，EU ETS采用“自下而上”的分配方式，即成员国编写一份《国家分配计划》（*National Allocation Plans*，NAPs），在文件中公布本国分配拟定配额，由欧盟委员会对这些方案进行评估，批准或修订拟分配的配额总数。但NAPs的编制缺乏透明性与一致性，不同成员国可能采用不同的配额计算方法，进而导致不同成员国产业之间的竞争扭曲。因此，从第三个阶段（2013年—2020年）开始，EU ETS进行了改革，由欧盟委员会掌控排放配额总量的权力，并制定整个欧盟的排放总量配额。同时，由欧盟制定总量目标，总配额上限以每年1.74%的速率线性减少。第四阶段（2021年—2030年）排放上限以2.2%的速度逐年下降。配额分配主要包括免费发放和拍卖两种形式，总体呈现免费发放配额逐步减少、拍卖比例逐步上升的趋势。

2）配额储存与预留机制。一般情况下，EU ETS中的供给与需求主体是相互转化的。

当体系中受控减排履约企业的排放配额留有剩余时，控排企业成为供给主体，将结余的配额在碳交易市场中进行出售；反之，当控排企业的碳排放量超出分配上限，控排企业只能成为配额的需求主体。此外，以延迟拍卖为核心的排放配额预留机制成为另一重要举措。这种延迟拍卖计划在适度的范围内尽力维系碳排放配额的供需平衡，将短期内的碳价波动控制在合理范围。

3）MRV 机制。该机制通过第三方审核机构对排放主体的实际碳排放量进行监测（Monitoring）、报告（Reporting）、核查（Verfication），是 EU ETS 获取配额数据的重要来源，也是维持整个体系有效运作的基础与支撑。每个年度结束后，EU ETS 下的相关企业须报告该年度的核证减排量（Certified Emission Reduction，CER）的排放情况，具有资质的独立核查机构会依据欧盟颁布的相关法规对报告进行核准。成员国各排放设施经营者监测日历年内设施的碳排放情况，并在每个年度结束后向管理机构报告。

4）严格履约及惩罚机制。EU ETS 的处罚力度不断加强，第一阶段（2005 年—2007 年）从 40 欧元/t 上调至 100 欧元/t，并在第二阶段（2008 年—2012 年）新增规定，即使减排企业缴纳罚款，其超出且未能对冲的碳配额将遗留到下一年度补交，进入第三阶段（2013 年—2020 年）后，处罚标准将依据欧洲消费者价格指数进行调整，且处罚力度不断加强，影响不断加深。

2.1.3　EU ETS 的特点及与其他交易市场的比较

欧盟金融机构是碳市场的直接参与者。与其他商品市场类似，碳市场最初主要参与者是控排企业，但因履约产生的交易量非常有限，现阶段欧盟交易商（金融机构、控排企业下属的碳排放权交易机构）逐渐成为创造市场流动性的主力。欧盟碳配额一级市场直接向控排企业发放碳配额。二级市场做市商是金融机构直接参与碳市场的主要角色。2023 年，巴克莱、德银、摩根大通、高盛、摩根士丹利等金融机构在这一市场比较活跃。2003 年，汇丰银行、法国兴业银行和瑞士信托银行共同出资 1.35 亿英镑，建立了具有营利性质的碳排放权交易基金，用于开展自营碳排放权交易业务。它们的加入使得欧盟碳市场参与主体多元化，也扩大了欧盟的碳资金交易规模。

金融产品丰富且不断创新，金融基础服务完善。在金融产品方面，EU ETS 分为场外市场和碳交易所，几乎可以囊括所有碳金融产品。例如，法国未来电力交易所（French Powernext）与 Austrian Energy Exchange（AEX）以碳现货交易为主；欧洲气候交易所（European Climate Exchange，ECX）、欧洲能源交易所（European Energy Exchange，EEX）和 Bluenext 交易所交易 EUA 和 CER 期货和期权合约；北欧电力交易所（Nord Pool）交易 EUA 和 CER 远期合约。除了期货、期权外，部分金融机构还推出不同交易品种的掉期合同。例如，巴克莱资本（Barclay Capital）推出 CER-EUA 掉期合同，约定将部分 EUA 以约定比例转换为 CER，以满足 EUA 配置超量客户调整碳资产配置的需求。在金融基础服务方面，荷兰银行搭建碳金融服务平台，为客户提供碳排放额度保管、账户登记和交易清算服务。此外，还为客户提供融资担保、碳交易咨询、代理交易等基础金融服务。

碳排放权交易市场体系开放推动了低碳技术在欧盟和全球的发展。EU ETS 的开放性主要体现在它与《京都议定书》及其他排放交易体系的衔接上。通过双边协议，EU ETS 可以与其他国家的排放权交易体系实现兼容。截至 2022 年，挪威、冰岛、列支敦士登、瑞士等国的碳排放权交易已实现与 EU ETS 相互衔接。此外，国际碳行动伙伴关系（International Carbon Action Partnership，ICAP）的建立也为碳排放权交易提供了国际平台，ICAP 成员包括欧盟、美国、加拿大、新西兰、挪威等。不同的交易体系相互连接，扩大了体系覆盖范围，提供差异化的减排方式，降低相应成本，同时推动了欧盟内部和全球低碳技术及低碳产业的发展。

2.2 美国碳市场

2.2.1 美国区域碳市场介绍

美国还没有全国统一的碳市场，主要是以州形式分布的区域性碳市场，包括区域温室气体倡议（Regional Greenhouse Gas Initiative，RGGI）、西部气候倡议（Western Climate Initiative，WCI）、中西部温室气体减排协定（Midwestern Greenhouse Gas Reduction Accord，MGGA）和加州碳市场。美国区域温室气体倡议是美国北部和大西洋中部沿岸的 10 个州共同签署建立、联合运行的针对电力行业的温室气体减排与交易计划，它是美国第一个基于市场的强制性的区域性总量控制与交易的温室气体排放交易体系。西部气候倡议由美国加利福尼亚州等西部 7 个州和加拿大不列颠哥伦比亚省、曼尼托巴省、安大略省和魁北克省中西部 4 个省组成，致力于温室气体减排事业，同时提倡清洁和可再生能源的使用。中西部温室气体减排协定是由美国西部 9 个州及加拿大两个省于 2007 年 11 月 15 日达成，旨在削减温室气体排放的气候减排协定。加州碳市场为目前 WCI 中的碳市场之一，目前覆盖了加州 85% 的温室气体排放，以及加州绝大部分的经济部门，运行以来受到广泛认可。

1. 区域温室气体倡议

美国区域温室气体倡议（RGGI）是世界上第一个在初始阶段完全采取拍卖的方式分配配额的碳市场，其覆盖范围只包含电力行业，并且只考虑 CO_2。原因之一在于，电力行业成本容易向下游消费者转嫁，碳市场对企业造成的负担不会过重，同时能够缓解利益冲突压力，促进温室气体减排目标的实现和缓解能源供应紧张。该倡议的实施区域为美国经济发展水平较高的区域，化石能源消费比例低于或接近全美平均水平，各州并不是美国主要化石燃料生产商或主要消费者，化石燃料发电比重较低，电力行业的减排对电力供应的影响不大，来自传统能源利益集团对推行碳排放权交易的阻力相对较小。但 RGGI 地区能源供求关系紧张，长期对能源价格存在担忧，各州属于美国高电价地区，电价远高于全美平均水平。在碳排放量上，RGGI 地区呈现出先升后降的趋势，转折点为 2010 年，其中，来自交通行业和电力行业的化石燃料燃烧碳排放量的占比接近 60%。

RGGI 的实施有两个阶段：2009 年—2014 年为第一阶段，目标是使 CO_2 的排放水平保持在 2009 年的水平；2015 年—2018 为第二阶段，目标是每年在 2009 年的 CO_2 排放水平上削减 2.5%，实现 CO_2 排放水平较 2009 年削减 10%。改革前 RGGI 的配额包括三类：①一般分配（General Allocation），它是指将整个区域的大部分比例的配额分配到各州，依据的是各州的历史碳排放量及各州之间的协商结果；②以消费者利益和能源战略为目的的分配（Consumer Benefit or Strategic Purpose Allocation），该类配额至少要占配额总量的 25%；③早期减排配额（Early Reduction Allowances），它是监管机构或其代理机构为奖励预算源[㊀]在早期减排时实现的碳减排而分配的一种配额，工厂或企业因停产而导致的碳排放量减少现象不具备获得早期减排配额的资格。

在分配机制上，RGGI 的配额分配分为州和企业两个层次：第一个层次是 RGGI 的总配额对各州的分配；第二个层次是各州的配额对发电企业的分配。首先，要根据 RGGI 各州的历史 CO_2 排放量，确定各州的基础配额，同时根据人口、发电量、新排放源的预测等对各州的配额进行调整。在州内发电企业之间的配额分配上，以拍卖的方式进行。RGGI 会选择以每个季度为周期进行拍卖，3 年为一个控制期，每个控制期将进行 12 次拍卖，每次拍卖的规模由每个履约期的配额数量和拍卖次数决定。对于拍卖的比例，RGGI 规定各州至少要将 25%的配额进行拍卖，各州拍卖的配额比例由各州的法律文件规定。对于其余 75%的配额，RGGI 规定各州可自行决定分配方法。在拍卖方法上，RGGI 采取的是统一价格、密封投标和单轮竞价的拍卖方法，在特定的时候，多轮、递进式拍卖的方法也可被采用。

与大多数成熟碳市场一样，RGGI 碳市场也由一级市场（Primary Market）和二级市场（Secondary Market）组成。RGGI 的一级市场主要是指每季度举行的配额拍卖。在季度拍卖期间，控排企业和符合资质的非控排企业均可参与配额竞拍。各市场主体在季度拍卖上获得配额后便可以通过配额实物交易及金融衍生品（主要包括期货、期权等）进行交易，这样就形成了二级市场。二级市场对于 RGGI 来说也是十分重要的。首先，二级市场能让企业在 RGGI 拍卖 3 个月内的任何时间都获得配额；其次，为企业提供了一个保护自己免受潜在的未来拍卖结算价格波动影响的途径；最后，提供了价格信号，可以帮助企业在受到 RGGI 履约成本影响的市场做投资决策。二级市场的交易不受行政区域的限制，RGGI 各州可以在 RGGI 范围内自由地进行交易。

在调控机制上，RGGI 改革前期的价格调控机制称为安全阀机制，作用在于稳定配额价格和防止碳市场出现剧烈波动。履约期的安全阀和抵消机制的安全阀构成了 RGGI 安全阀机制的主要内容。第一个安全阀的作用是如果配额价格在初次分配后过高，市场有充足的时间来消化价格失效的风险，并逐渐将配额价格调整到最优；而第二个安全阀可以避免供求关系的严重失衡。改革后，RGGI 删除了原有的调控机制，建立起来新的成本控制机制及成本控制储备（CCR），CCR 增加了计划的灵活性和成本控制的方式。

RGGI 运行的监管方是监管机构（Regulatory Agency）或者其设在各成员州的代理机构，主要负责配额跟踪系统的管理、排放监测和报告制度及履约制度的执行等。RGGI 通过三个系统保障监测和报告的准确性。首先，RGGI 预算源应根据美国《联邦法规汇编》第 40 篇第 75 条的规定，安装符合要求的监测系统，在规定的时间内按季度向主管机构提交监测报

㊀ “预算源”是指被纳入碳排放交易体系（如 EU ETS）中的排放实体或行业。这些实体或行业在特定时期内被分配了一定的碳排放配额，用于其生产或运营过程中产生的碳排放。

告；其次，RGGI 引入统一的交易平台，CO_2 配额跟踪系统（CO_2 Allowance Tracking System，COATS）对一级市场的拍卖和二级市场中的交易数据进行监管、核证；最后，就市场活动的监管事宜，Potomac Economics 作为专业、独立的市场监管机构，受 RGGI 委托，负责监管一级市场拍卖及二级市场的交易活动。

各成员州的二氧化碳预算交易计划要求每个预算员在前三年的控制期内为每一单位（1t）的二氧化碳排放持有一份二氧化碳配额，各 RGGI 成员州的环境监管机构运用 COATS 来保证符合各州的二氧化碳预算交易计划的规定。预算源的履约程序分为四个步骤：CO_2 排放报告；COATS 中的履约活动；履约评估；公开报告。另外，RGGI 碳排放抵消项目产生的碳减排量会获得碳抵消配额，碳排放抵消项目限于 9 个 RGGI 州的 5 类项目：垃圾填埋场甲烷捕捉与破坏、电力部门 SF_6 减排、林业项目的碳封存、建筑业石化能源使用效率提高引起的碳减排及农业肥料管理甲烷减排。碳排放抵消是 RGGI 各州碳预算交易项目中的重要内容，它能提供一定的配额灵活性，也为碳减排创造可能。RGGI 各州在这 5 类项目中发展碳抵消项目，获得碳抵消奖励，取得配额之外的碳排放配额，用来补足电力部门的限额短缺，但在每个履约期（为期 3 年）内不得超过电力部门排放限额的 3.3%，而且碳排放抵消必须是真实的、额外的、可信的、可执行的、长期的。

2. 西部气候倡议

西部气候倡议（WCI）限额与交易项目包括各个州、省按各自规定所实施的限额与交易项目，涉及 7 种温室气体排放，即发电（包含从 WCI 区域外进口的电力）、工业燃料、工业加工、交通燃料、居民用燃料与商业燃料所产生的二氧化碳、一氧化碳、甲烷、全氟化碳、六氟化硫、氢氟碳化物、三氟化氮。成员在施行限额与交易项目时，会按各自地区的减排目标发放碳排放配额。所有可发放配额就是排放限额，配额可以买卖。各成员互认配额就产生了区域性配额市场，因而各成员发放的配额在整个 WCI 区域内都是可用的。排放多少温室气体，就需要上交相应数量的配额。为减少碳排放总量，发放的配额数量会逐年减少。对谁可拥有碳排放配额没有限制要求，配额可以在排放温室气体的实体和第三方之间买卖。如果实体减排量低于拥有的配额数，可以卖出多余的配额或持有配额以备未来所需。需减排的实体卖出多余的配额可以弥补一些减排成本，持有配额以备未来所需会减少未来减排遵从成本。碳排放配额交易由于能够使实体在如何减排与何时减排上有所松动，从而降低实体的遵从成本，且碳排放配额交易在排放上设置了价格，从而激励实体想方设法减排。

WCI 不仅要推动成员间的相互合作来实现碳减排，还要与其他碳减排市场合作。各个碳市场的合作可以通过互认碳减排工具展开，各碳市场发放的抵消证和配额可在各市场间通用。在合作之前，各碳市场会审视配额预算、信息要求、追踪系统、区域内交易电力的排放账户，管控、报告、认证、执行规则，碳排放抵消处理方式等内容，以便在合作中能够相互协调。WCI 还积极探求与其他市场的合作，如 WCI、RGGI 和 MGGA 正在尝试展开合作，在多边或双边联系上迈出了良好的第一步。

3. 中西部温室气体减排协定

中西部温室气体减排协定（MGGA）同样采取总量控制与交易的并减排机制，咨询小组为 MGGA 设定的减排目标是到 2020 年温室气体排放水平较 2005 年下降 20%，2050 年下降 80%。但该目标可根据未来的技术发展水平，减排成果等进行灵活微调。在配额方面，咨询小组建立了配额储备池（Allowance Reserve Pool）以控制减排成本。咨询小组建议每个州及每个省都拿出其每年所分配到的配额数量的 2%注入配额储备池中，配额储备池由 MGGA 的成员在市场监管和成本控制委员会（Market Oversight and Cost Containment Committee，MOCCC）的援助下共同管理。咨询小组要求配额价值实行问责制和透明制，各成员都应建立强有力的法律机制确保配额价值的合理性。此外，咨询小组设计了混合分配方式，即同时采取发放和竞价拍卖的复合方式分配配额。拍卖行为可以使配额具有市场价格和流动性，同时通过拍卖所获得的收益可以为减排计划提供必要的资金支持；而以较低的固定费用发放配额可以限制配额的成本并适当地降低配额市场风险，同时，这部分固定费用也可为计划提供额外的资金支持。混合分配方式应在前三个履约期，也就是计划的过渡期之后的三个履约期，应采用完全拍卖的分配方式；到第四个履约期至第六个履约期将过渡到全额竞价拍卖的分配方式。

MGGA 减排计划的排放报告制度是强制性的，且报告内容须包括规定的 6 种温室气体。关于报告提交实体的规定有以下几点：所有发电厂及其他受监管部门内 CO_2 年排放量达到或超过 2000t 的企业或工厂，该范围远远大于原定的监管范围；所有直接的、固定的燃烧源都要提交排放报告；某成员上报的数据可以供其他成员使用；各成员有权设定更低的排放报告门槛，即低于 2000t。扩大排放报告制度覆盖范围，但要考虑实际操作的成本。为了更全面地监管市场交易活动和实施成本控制战略，各成员共同建立了 MOCCC，其成员主要由监管机构区域管理组织（Regional Administrative Organization，RAO）内部成员构成，它的主要职能就是建立合理的配额交易价格体系。随着参与者对配额市场信心的增长，价格区间可适当地扩大，但当价格区间跨度与市场情况不相符时，MOCCC 应及时采取行动。具体来说：当配额价格过高时，应扩大配额预借比例和抵消比例，而价格过低时则采取相反的措施；当价格区间整体水平都大大超过预期值而使市场面临崩溃的危险时，MOCCC 应从配额储备池中拿出部分配额投放于市场，待市场价格恢复合理后应把这部分配额重新放回储备池中，当出现相反情况时，则应从市场中抽出部分配额放入储备池中提高储备比例，待价格恢复正常后再把配额重新投放市场。在极端情况下，例如配额市场价格极高，MOCCC 已把储备池中所有的配额全部投放市场后价格仍居高不下，这时 MOCCC 可以动用未来履约期应投放于储备池的配额，但该措施只能在极端情况下使用。当然，除此之外，MOCCC 还会根据市场的真实状况为各成员州或省提出其他成本控制措施。

2.2.2　加州碳市场

加州碳市场目前覆盖了加州 85%的温室气体排放，除了《京都议定书》中规定的 6 种温室气体以外，还纳入了二氟化氮和其他氟化的温室气体，覆盖了加州绝大部分的经济部门。在排放源的纳入上，分为两个阶段实施：第一阶段，加州碳市场覆盖加州温室气体总排放的 35%；第二阶段，覆盖比例扩大到 85%。其目标是到 2030 年温室气体排放较 1990 年的水平下降 40%，到 2050 年下降 80%。在总量设置上，加州碳市场分为三个实施阶段：第一阶段为 2013 年—2014 年；第二阶段为 2015 年—2017 年；第三阶段为 2018 年—2020 年。三个阶段的配额预算见表 2-2。

表 2-2 加州碳市场温室气体配额预算[⊖]

阶段	预算年	年配额预算（百万吨温室气体配额）
第一阶段	2013	162.8
	2014	159.7
第二阶段	2015	394.5
	2016	382.4
	2017	370.4
第三阶段	2018	358.3
	2019	346.3
	2020	334.2

加州碳市场的配额分配包括两种形式：免费分配和拍卖。在初期会免费发放大部分配额，以避免纳税人企业的成本大幅上升，随后免费分配的比例会逐年下降。免费配额主要分配给电力企业（不包括发电厂）、工业企业和天然气分销商。加州碳市场决策者认为，如果企业为了摆脱加州的限制而将生产转移到没有对温室气体排放进行限制和要求的州或地区，总体排放不仅不会降低，反而可能上升，这就会产生排放“泄漏”。于是，加州在碳市场初期对这些企业免费给予较多的排放权份额，免费配额占企业总排放的 90%，免费分配量逐年递减。拍卖则为季度性的单轮、密封、统一价格拍卖，包含三种拍卖类型：当期配额拍卖（Current Auction）、未来配额提前拍卖（Advance Auction）和委托拍卖（Consignment Auction）。根据政府法令，拍卖收入被存入温室气体减排基金，以促进《加利福尼亚州应对全球变暖法案》（简称 AB 32）[⊖]中目标的达成。

在灵活机制上，加州碳市场的灵活机制包括三方面的内容：配额价格控制储备机制、不同账户类型、配额的储存和借贷。在抵消机制上，加州碳市场规定，抵消比例为履约义务的 8%。值得注意的是，8%指的是实体所持有的配额量，而不是实体被要求的减排量。因此，通过抵消机制，能够实现超过 8%的减排量。与 RGGI 相似，加州对抵消信用的质量要求很严格，抵消信用必须具有额外性、真实性、可核查性、可量化性、可操作性和永久性等特点。同时，用于履约的抵消协议还应满足以下要求：建立与抵消项目类型相关的数据采集和监管群；建立一个“保守的” BAU（Business as Usual，照常）情景的基线；通过活动改变（Activity-shining）和市场改变（Market-shining）解释碳泄露；考虑量化的不确定性；确保温室气体减排的永久性；引入机制以保证封存的永久性；建立抵消信用期的长度。在履约机制上，加州碳市场的履约分为年度履约和履约期履约两种，一个碳排放权交易实施阶段为一个完整的履约期。对于年度履约，实体需在次年的 11 月 1 日前上缴相当于其上

⊖ 资料来源：CARB California Cap on Greenhouse Gas Emissions and Market Based Compliance Mechanisms to Allow for the Use of Compliance Instruments Issued by Linked Jurisdictions。

一年排放 30%的配额或抵消信用；对于履约期履约，在每个履约期期末，实体需要把上一个履约期所有剩余未缴的配额缴清，以完成履约期履约（第一个履约期为 2 年，第二、三个履约期为 3 年）。

2.3 澳大利亚碳市场

2.3.1 澳大利亚固定碳价格机制

澳大利亚是世界上最早实施强制性温室气体减排计划的国家之一。2003 年 1 月 1 日，澳大利亚启动新南威尔士州温室气体减排计划，为后来全面实施碳排放权交易奠定了良好的基础。2012 年 7 月 1 日，澳大利亚在全国范围内开始推行碳排放权交易，成为欧盟和新西兰之后第三个建立碳排放权交易机制的发达经济体。涉及的控排范围包含澳大利亚碳排放量前 500 名的企业，重点是年排放量大于 25000t CO_2e 的温室气体排放企业，不包括小企业和家庭的碳排放。涉及的行业包括固定能源、运输业、工业制造业、污水、垃圾填埋场及逃逸气体等，涵盖了澳大利亚约 60%的碳排放量。定价机制是碳排放权交易市场的核心。澳大利亚碳市场制度设计很有自己的特点和创新性，把碳市场的定价分为两个阶段。即固定价格阶段和灵活价格阶段。从 2012 年 7 月 1 日到 2015 年 6 月 30 日为止为固定价格阶段。在该阶段碳价格固定，且没有总量控制，与碳税非常类似。1 碳单位对应 1t CO_2e，第一年碳价格为 23 澳元/t，随后每年递增 5%，至 2014 年、2015 年为 25.4 澳元。纳入控排范围的企业可以固定价格向清洁能源管理机构购买碳单位（Carbon Units）[㊀]；符合援助条件的企业也可以获得免费的碳单位。无论是以固定价格购买的碳单位，还是免费获得的碳单位，其数量都不得超过该企业当年的碳排放量。从 2015 年 7 月 1 日起，碳市场将过渡到自由价格阶段，又称为总量与控制交易计划。该阶段将设定排放总量以拍卖的方式发放碳单位，同时允许碳价根据市场浮动。在浮动价格阶段，碳单位可以无限制地储存，但在借入方面却有所限制：在任何一个履约年份，义务实体可借入下一生效年份的碳单位来履行本年度的上缴责任，但是上缴的碳单位数量不得超过本年度履约责任的 5%。此外，为了保证碳单位交易情况的确定性，政府将在固定价格阶段提前拍卖浮动价格阶段的碳单位，拍卖方式为单向拍卖，碳单位的款项不允许延期支付。在该阶段，控排企业在当年 7 月 15 日之前要缴纳配额 75%的碳排放单位费用，而且必须在第二年 2 月 1 日之前为碳排放量支付剩余的碳单位费用，否则要缴纳碳排放单位短缺罚款。该时期的罚款为碳价的 130%。

固定价格机制作为碳市场的过渡，重点在于数据的获取和履行责任。在数据获取上，国家温室气体和能源报告（The National Greenhouse and Energy Reporting，NGER）体系为报告和公布有关企业温室气体排放、能源生产消耗及 NGER 法案中指明的其他信息引入了一个国家层面的框架。满足设施阈值和公司集团阈值的企业需要在每个财政年度的 10 月 31 日前向

㊀ 碳单位由澳大利亚清洁能源管理机构发行，是澳大利亚政府根据排放总量而出让的碳排放权，也是义务实体履约的主要工具。1 单位合格的排放单位对应 1t CO_2e。合格的排放单位包括 3 种：碳单位、合格的国际排放单位、合格的澳大利亚碳信用单位。

清洁能源管理机构提交《国家温室气体和能源报告》，国家温室气体和能源审计体系会对具有报告义务的公司是否遵守了《国家温室气体和能源报告法案 2007》进行检查，从而更好地帮助企业完成减排任务，开发更完善的报告流程。审计检查的内容包括：注册公司的结构、经营权及设施；排放源、能源消耗和生产的识别和测量；报告中温室气体和能源数据的真实性、完整性和有效性，包括数据记录时满足保存要求；内部控制是否能有效保证数据的收集、计算和报告。除了用 NGER 体系和审计体系保证数据真实性外，在固定价格阶段还设定了独有的排放数据类型——中期排放数据（Interim Emissions Number，IEN）。并不是所有的义务实体都有 IEN，对于直接排放源而言，拥有 IEN 的前提是“暂时性排放数据”（Provisional Emissions Number，PEN）必须达到 35000t 的阈值，拥有 IEN 的义务实体需要在特定的时间内在 NGER 体系下进行注册并报告。

关于配额的分配，在固定价格阶段，为了履行其碳减排义务，义务实体必须在履约期内获取和上缴合格的排放单位。义务实体在固定价格阶段可使用的合格排放单位只有两种：由政府发放的碳单位和根据《碳农业动议》获得的合格的澳大利亚碳信用单位（Eligible Australian Carbon Credit Units，ACCU）。而碳单位的获得又可以分为以固定价格购买和通过政府的相关援助机制免费发放。在固定价格阶段，碳单位的价格由法律规定，逐年上涨，每一个财政年度的价格保持不变。由于没有碳排放总量控制，企业根据履行碳减排义务的需要来购买碳单位，多买多得，不需要管理机构对其进行分配。因此，以固定价格发放的碳单位可以概括为“控价不控量”。另外，企业可以通过“就业及竞争力项目”和“燃煤发电机组”的规定获得免费碳单位。通过“就业及竞争力项目”获得的免费碳单位是为了帮助企业更好地应对来自碳价的影响和行业竞争压力，对其他未获得或者少获得免费碳单位的企业则形成了一种名义上的“不公正”，因而需要考虑行业间的分配比例，是一种“相对性”分配。通过能源安全基金中“燃煤发电机组”的规定获得的免费碳单位是根据发电装置的相关参数决定的，取决于发电装置的历史发电量等相关因素，是一种“绝对性”分配。免费获得的碳单位如果不用于上缴，就可以在下一个财政年度的 2 月 1 日之前由政府进行回购或者投入市场流通，否则就需要取消。除了使用碳单位满足其排放义务，义务实体还可以通过《碳农业动议》获得 ACCU。ACCU 的获得有两种途径：义务实体可以通过向农场主或土地所有者购买或是通过自身参与相应的减排活动获得。这些 ACCU 由农场主和土地所有者通过碳封存和减少土地上的温室气体排放而产生，每一个 ACCU 代表了至少 1t CO_2e。

在责任的履行上，在固定价格阶段，大部分义务实体需要在一个财政年度中分两次上缴碳单位，在本财政年度的 6 月 15 日之前上缴碳单位，称为“分期上缴”，其单位差额称为暂时性单位差额；在次年的 2 月 1 日之前上缴碳单位，称为“校准上缴”，其单位差额称为最终单位差额。分期上缴时，需要上缴的碳单位数量是排放数量的 75%；而校准上缴的碳单位数量是排放量余下的部分。这种分阶段的上缴方式类似在公司税中采用的分期付款，可以为企业在进行最终碳单位上缴时完成其碳排放报告留出足够的时间。在固定价格阶段，并不是所有的义务实体都需要履行“分期上缴”义务。对于那些在之前年度不需要提交碳排放报告或在之前年度的碳排放报告中所报告的排放数额少于 3.5 万 t CO_2e 的直接排放源，不需要履行“分期上缴”义务。此外，在当下财政年度的碳排放量有可能少于 3.5 万 t CO_2e 的直接排放源也无此项义务。满足这三种情况的义务实体只需要在 2 月 1 日之前履行“校准上缴”义务即可。

2.3.2　澳大利亚碳市场的特点

1. 制定渐进式碳价机制使碳价格具有相对稳定性

从固定价格到限制浮动价格再到完全浮动价格，澳大利亚碳排放权交易市场设计了渐进式碳价机制，使碳交易初期具有稳定的碳价格，并逐渐放开浮动区间，避免出现像 EU ETS 第一阶段碳价剧烈波动的局面，特别是在第一阶段末期，由于排放许可供过于求，碳价过低几近于零。这种情况在澳大利亚得到了有效控制。

2. 实行工业援助计划减少对企业和终端消费者的负面影响

澳大利亚碳排放权交易的实施对澳大利亚的碳减排产生了实质性影响。据统计，在碳交易后的前 9 个月，澳大利亚电力行业的碳排放量下降了 7.7%。但是，实施碳交易后，澳大利亚的经济也受到了一定冲击。例如，2012 年虽然经济增长总体上表现趋好，但失业率比上一年有微幅上升。而且，实施碳交易导致钢铁、有色金属等行业的部分小企业倒闭，以及大型企业产能向中国及其他新兴经济体转移。同时，由于上游能源企业具有较强的价格传导能力，导致居民能源支出上升，生活成本增加，消费者物价指数（CPI）面临较大压力。为此，澳大利亚政府采取了一系列援助措施。

1）政府提供免费碳单位，以支持就业和保护企业竞争力。澳大利亚清洁能源管理局制定“就业和竞争力方案”指出，在 2012 年—2015 年提供 92 亿澳元的援助，通过提供免费碳排放单位的方式为碳排放密集型企业和因碳减排在全球竞争中受到影响的企业提供援助。该方案还确认，在第一年主要对出口型企业发放免费配额，如排放密集的出口型企业将会得到排放配额 94.5%的免费碳排放单位，其他出口型企业将会获得 66%的免费碳排放单位，使企业保持竞争力，维持一定的就业量。但是，免费碳排放单位每年会减少 1.3%，以促使企业实施碳减排。

2）通过能源安全基金实施燃煤发电援助，促进清洁能源和气候变化项目的投资。2011 年澳大利亚的能源消费结构中，煤占 70%，天然气和石油占 23%，可再生能源仅占 7%。澳大利亚政府提出，到 2050 年可再生能源要达到 50%。为此，澳大利亚鼓励在清洁能源上的投资，固定碳价格期间的投资将超过 132 亿澳元。清洁能源局通过能源安全基金为燃煤发电企业提供一定的免费碳排放单位，帮助燃煤发电企业适应碳价并转向清洁技术发展，鼓励企业在清洁能源上的投资，同时对清洁能源行业提供研发、生产设备和流程更新等方面的支持。

3）通过增加补贴和税收减免等方式为受到碳交易影响的家庭提供补偿。建立碳市场后，企业碳减排所需要的资金投入会转嫁到终端消费者，这将在一定程度上增加居民的生活成本。澳大利亚政府通过发放碳税补助金和提高征税起点，为 90%受碳交易影响的家庭提供补偿，尤其是对退休人员和中低收入者。固定碳价实行初期，已经有超过 320 万名澳大利亚退休人员得到了补助金。

3. 建立三个监管机构负责碳市场的运行

这三个监管机构分别是澳大利亚气候变化局、清洁能源管理局和生产力委员会。其中，气候变化局负责制定总排放指标，对企业的碳排放量跟踪监测；清洁能源管理局根据气候变化局制定的碳排放指标发放配额；生产力委员会负责评估澳大利亚碳价格机制对澳大利亚经济的影响及国际碳减排政策的变化；气候变化局再根据生产力委员会的评估结果调整碳排放指标。

4. 加强与外国碳排放交易权体系的合作以推动建立全球碳市场

2012 年 8 月 28 日，澳大利亚与欧盟达成协议，2015 年 7 月开始对接双方碳市场，2018 年 7 月 1 日后完成对接。在对接阶段，碳单位价格统一由市场决定，碳排放配额可以互相抵消。澳大利亚控排企业最多可以使用 50% 的国际碳单位来抵消二氧化碳排放量，但《京都议定书》机制[⊖]下的核证减排量（CER）和减排单位（ERU）最多可以使用 12.5%，其他的要来自欧盟碳配额（EUA）。2015 年，澳大利亚与新西兰的碳排放权交易体系互联，三个碳市场实现连接，相互抵消碳排放配额。这对在全球范围内以成本有效的方式实施碳减排具有重要意义。

2.4 新西兰碳市场

2.4.1 新西兰碳市场介绍

新西兰碳排放权交易体系（New Zealand Emission Trading Scheme，NZ ETS）历史悠久，是继澳大利亚碳税被废除、澳大利亚全国碳市场计划未按原计划运营后，大洋洲剩下的唯一的强制性碳排放权交易市场。基于《2002 年气候变化应对法》（*Climate Change Response Act*）（2001 年通过，并于 2008 年、2011 年、2012 年、2020 年进行过修订）法律框架下的新西兰碳排放权交易体系自 2008 年开始运营，是目前为止覆盖行业范围最广的碳市场，覆盖了电力、工业、国内航空、交通、建筑、废弃物、林业、农业（当前农业仅需要报告排放数据，不需要履行减排义务）等行业，且纳入控排的门槛较低，总控排气体总量占温室气体总排放的 51% 左右。新西兰最新承诺，在 2030 年之前将排放量与 2005 年相比减少 30%，并在 2019 年年底将 2050 年碳中和目标纳入《零碳法案》（*Zero Carbon Bill*）中，具体为，非农领域 2050 年实现碳中和，农业领域（生物甲烷）到 2030 年排放量在 2017 年的水平上降低 10%，到 2050 年降低 24%~47%。尽管较早开始运营碳市场，新西兰的减排效果并不明显。从总量上看，新西兰不属于碳排放大国，但人均排放量较大，高于中国，同时温室气体排放一直处于上升趋势，2019 年排放量相比 1990 年增加了 46%。从排放来源上看，新西兰近一半的温室气体排放来源于农业，其中 35% 来源于生物甲烷，主要原因在于新西兰是羊毛与乳制品出口大国。根据路透社研究，乳制品出口占其出口总额的 20%，同时新西兰人口近 500 万人，牛和羊的存栏量分别为 1000 万头和 2800 万只，这也是新西兰的减排目标将甲烷

⊖ 《京都议定书》中规定了三种灵活减排的市场化项目机制，包括国际排放贸易（ET）、联合履行机制（JI）和清洁发展机制（CDM）。这里是指国际排放贸易（ET）。

减排进行单独讨论的原因。

新西兰碳市场覆盖《京都议定书》中的全部 6 种温室气体，纳入的行业包括林业、固定能源、渔业、工业、交通（液体化石燃料）、合成气体、废弃物处理和农业。NZ ETS 采取逐步推进的方式，将覆盖行业逐步纳入，各行业在不同阶段拥有不同的权利和义务，具体安排见表 2-3。其中最主要的权利和义务包括以下几种：上缴新西兰排放单位（New Zealand Units，NZU）以履行义务；通过森林碳汇赚取 NZU；免费获得 NZU，主要是农业和能源密集出口型产业（EITE）企业；自愿或强制性报告碳排放。

表 2-3 各行业纳入碳市场的义务及纳入时间[㊀]

行业	上缴 NZU	森林碳汇赚取 NZU	免费获得 NZU	自愿报告	强制性报告	履行全部义务
林业	√	√	√	—	—	2008-7-1
固定能源	√			—	2010-1-1	2010-7-1
渔业			√	—	2010-1-1	2010-7-1
工业	√		√	—	2010-1-1	2010-7-1
交通（液体化石燃料）	√			—	2010-1-1	2010-7-1
合成气体	√			2011-1-1	2012-1-1	2013-1-1
废弃物处理	√			2011-1-1	2012-1-1	2013-1-1
农业	√		√	2011-1-1	2012-1-1	2015-1-1

关于新西兰碳市场配额分配，政府规定在 NZ ETS 中，首要的排放配额标准是新西兰官方制定的 NZU。任何个人或实体都可以持有或交易 NZU，遵约实体可以将配额储备留用并在未来的履约期限内使用配额，但不得借用（做空）NZU。在首个《京都议定书》承诺期中，1 个单位的 NZU 等同于 1 个京都单位，在过渡期结束时，新西兰排放登记簿会以京都单位为基准对 NZU 进行调整。这使得 NZ ETS 的遵约实体可以通过登记簿将 NZU 兑换成京都单位并进行离岸出售。

初始配额为免费分配，且在过渡期不实施拍卖。具体而言，NZU 的免费分配在不同行业采取不同的方式。渔业的分配采用祖父法，将获得 2005 年排放的 90%。林业中的免费配额针对“1990 年前的林地”分配，将基于森林的性质和购买时间。工业免费分配的方式采用基线法，“排放基线”是以某种活动造成的单位产出平均排放，根据企业向政府提供的相关数据计算得出。这样，减排效率高的企业将会得到收益，而减排效率比较低的企业也将得到鞭策。计算公式为

$$FA = LA \times PDCT \times AB$$

式中 FA——企业获得的年度最终免费配额量；

LA——援助水平，分为两个档；

PDCT——该企业的年生产量；

㊀ 资料来源：New Zealand Government，2017-07-27。

AB——活动的排放基线。企业的援助水平将根据单位排放量来确定：当一个工业活动每百万美元收益所排放的温室气体等于或高于 800t 且低于 1600t CO_2e 时，被认定是中等密集排放的活动，援助水平为一个给定的数值；当每百万美元收益所排放的温室气体等于或高于 1600t CO_2e 时，被认定是高度密集排放的活动，援助水平为另一个设定的数值。免费配额发放于 2010 年 7 月 1 日开始，在过渡期内“排二缴一”，所以免费分配给合法企业的 NZU 数量将是正常补贴的一半。政府对合法工业活动的援助水平从 2013 起每年减少 1.3%；对农业从 2016 年起每年减少 1.3%。

NZ ETS 参与者采用基于税收体系的自我评估方法来履约。估算方法与《联合国气候变化框架公约》的《国家清单报告指南》和《京都议定书》的核算指南保持一致。参与者评估自身排放：在每个履约期（每年的 1 月 1 日到 12 月 31 日）计算其排放，3 月 31 日前提交年度报告说明其排放活动，并汇报其碳排放量。汇报应在参与者承诺履行相关义务前 6~12 个月开始，以免受到惩罚。NZ ETS 参与者通过以下方式履行义务：上缴在本国碳市场购入的 NZU（从获得免费配额的或赚取 NZU 的主体手中购入）；上缴在国际碳市场购入的符合条件的排放配额；上缴分配到的或赚取的 NZU；上缴以固定价格期权形式从政府部门认购的 NZU。

2.4.2 NZ ETS 的特点

1）NZ ETS 与主流碳市场不同，没有设定配额总量，其履约工具的来源限于 NZU 和国外的 AAU、CER、ERU、RMU[㊀]，而这些履约工具均依托《京都议定书》的相关机制。因此，NZ ETS 受到《京都议定书》的间接约束。但配额总量设定是碳市场制度设计中的重点和难点，EU ETS 曾出现过由于总量设定过高而引起碳价过低、交易冷淡的情况。NZ ETS 不设定配额总量，仅接受《京都议定书》的约束。2012 年《京都议定书》的第一承诺期到期，在市场的调节下，NZU 的价格逐渐上涨。2016 年 5 月—2017 年 6 月，碳价格在 15.55~19.55 新元之间波动，价格较稳定。2012 年 12 月 8 日，在卡塔尔多哈通过了《〈京都议定书〉多哈修正案》（简称《多哈修正案》），用于从 2013 年开始至 2020 年的第二个承诺期。《多哈修正案》生效的门槛是必须获得 144 个签字国的批准，截至 2020 年 10 月 28 日，147 个缔约方交存了批准文书，达到了《多哈修正案》生效所需的 144 份批准文书的门槛。该修正案于 2020 年 12 月 31 日生效。

2）在覆盖范围方面，NZ ETS 将林业和农业纳入进来。林业的纳入对减少森林采伐起到一定的作用，并且创造了大量碳汇；农业作为新西兰最大的温室气体排放源，被纳入碳市场具有非常重要的意义。但是，目前碳市场中的林业和农业方面也存在和面临一些问题。首先是温室气体排放量的计算方法。林业采用自行开发的计量工具和方法，农业采用排放因子法。这些都不是直接的计量方法，在准确性方面存在争议。其次是政治上的影响。农业的纳入虽然是 NZ ETS 最重要和最具特色的方面，但受到的阻力也是最大的。碳市场曾被农民联

㊀ 《京都议定书》中的合法排放单位。

盟（Federated Farmers）和行动党称为“愚蠢举措”，认为该举措会明显地影响新西兰的经济水平和国际竞争力。各方面的压力和争议使得将农业纳入 NZ ETS 显得“任重而道远”。另外，林业投资的长期性和《京都议定书》第一期结束后国际上对碳市场的不确定性，使得很多意欲参与 NZ ETS 的土地所有者和已经参与 NZ ETS 的林主对未来产生担忧。2015 年 11 月 30 日，新西兰接受《京都议定书》的《多哈修正案》。通过接受《多哈修正案》，新西兰表示支持第二个承诺期和正在进行的气候变化谈判。

3）覆盖范围采取逐步纳入的方式，最终包含所有经济行业，各行业则在不同阶段拥有不同的权利和义务。针对各行业分别制定分配和交易规则、逐步纳入 NZ ETS 的方式，一方面使得新西兰可以用一种循序渐进的方法实行碳排放权交易计划，并且为各个行业量身定做更具体、更适用的方法，给情况复杂的行业一定的缓冲和调整时间；另一方面，部分关键行业如农业，数次推迟纳入时间，一定程度上影响了公众对 NZ ETS 的信心。

4）充分利用《京都议定书》三大灵活机制的配额和信用，一方面确保国内配额或信用的供给，另一方面保证能够完成《京都议定书》的减排目标。

5）NZ ETS 与传统类型的总量交易模式有两方面不同：一方面，它是在通用的全球性协议《京都议定书》的基础上运行的。由于该协议提供了国际排放上限，NZ ETS 无须设立额外的上限。这个全球性上限会形成国际碳价格，该价格确立了 NZ ETS 市场中的碳价格。另一方面，在《京都议定书》的框架下，遵约实体可以通过在发展中国家参与减排项目赚取排放单位。这些发展中国家虽然签署了《京都议定书》，但并没有排放总量上限。遵约实体还可以通过在发达国家合理利用其合法土地，或通过实施碳汇项目、可持续农业实践等方式，赚取清除单位（如碳信用额）。

第3章 碳资产管理及相关理论

3.1 碳资产管理的内涵

碳资产管理是一个新兴且综合性非常强的行业，包含了环境学、地学、大气科学、管理学、金融学和工程学科等各个学科的知识。碳资产开发需要具备项目开发的基本知识并具备项目投资分析的能力，如计算内部收益率和投资回收期等。碳金融和碳交易除了需要具备一般的金融知识以外，还需要对碳资产的独特性和金融属性有正确的认识。根据碳资产管理各类业务的性质和服务对象，碳资产管理的内容大致可以分为四类，即碳市场、企业碳管理、政府业务及碳中和，如图 3-1 所示。上述四大类内容中，碳市场是核心内容。

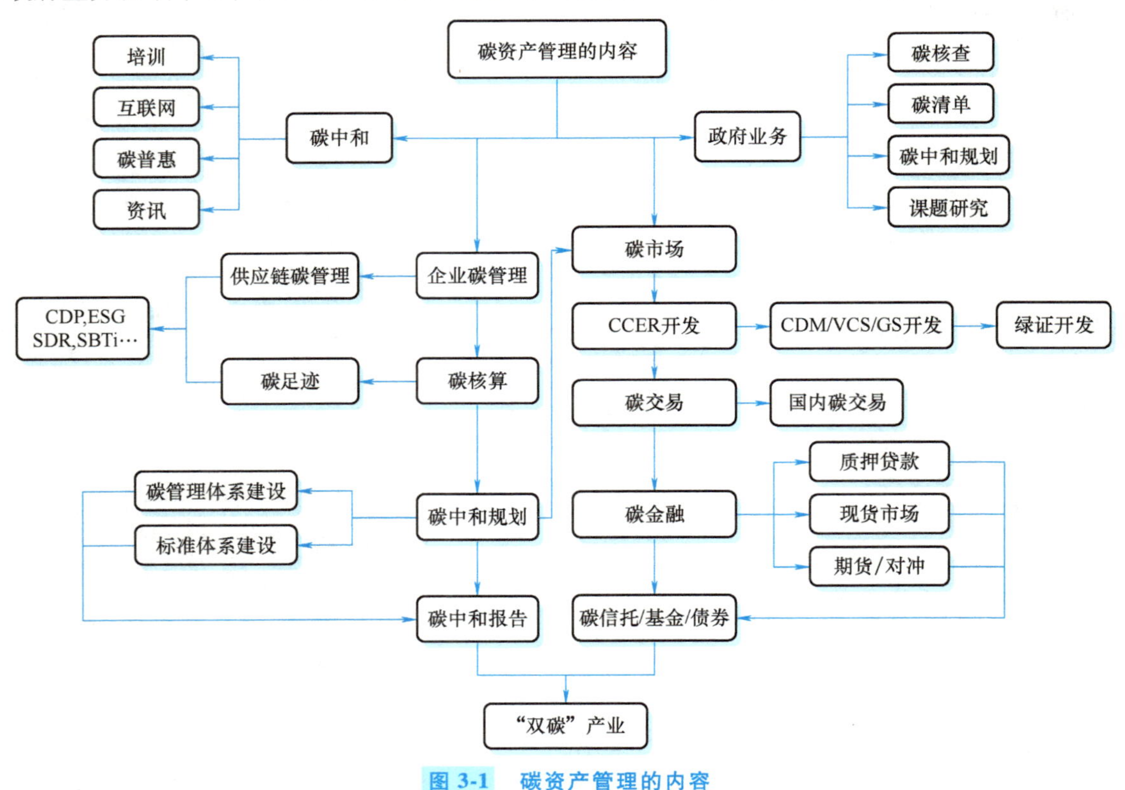

图 3-1 碳资产管理的内容

碳市场以碳资产开发为起点，逐渐延伸到其他类型的环境权益开发、其他碳市场的参与、碳交易和碳金融等相关业务。

3.1.1　碳资产的概念和内涵

碳资产是由“碳”和“资产”这两个名词所组成的。碳资产具备以下几种属性：

1. 全球性

全球变暖的主要原因是人类活动造成的温室气体排放，而控制温室气体的排放需要全世界各个国家共同的努力。碳资产是碳交易的标的物，因此通常碳资产具有全球流动的特性。

2. 稀缺性

自 1992 年 5 月《联合国气候变化框架公约》通过以后，世界各国对温室气体排放的关注度日益增加，碳资产作为一种环境资源，其稀缺性日渐显露。与之相伴随的是碳资产的稀缺性促使碳资产具有了交换价值。碳资产的价值可以通过直接和间接交易两种方式产生收益。直接进行碳资产交易的方法已经在世界各地被广泛使用，相关交易物包括但不限于碳排放权、碳减排量等。间接方式是指在企业正常生产过程中进行消耗，同企业的车间、仓库、机器、原材料、人工等其他资源一起发挥作用，使企业借助生产经营活动获利。

3. 投资性

碳资产作为一种金融资产，能够在碳市场上进行流通交易，换取经济利益，成为其具有投资性的体现，使碳资产具有类似金融资产的某些特征。欧洲的碳排放权交易市场在全球范围内比较成熟，可以进行碳资产的相关投资性交易，且具备较为完善的定价机制。

4. 商品属性

碳资产将碳排放额度作为一种稀缺资源商品，在不同的企业、国家或其他主体间进行买卖交易，因此表现出其所具有的商品属性。我国碳市场的交易主体以控排企业为主，侧重配额持有，所以更加偏向商品市场。

5. 金融属性

碳资产交易行为具有一定的风险，如市场风险、操作风险、政策风险、项目风险等；且碳配额发放和交割履约期间存在时间差，碳资产交易双方有套期保值、风险对冲等金融衍生品需求。为了防范风险及维持减排投资的稳定性，一些金融工具被逐渐开发出来，如碳期货、碳期权、碳掉期等。这些用于规避风险或金融增值的交易性碳资产也表现出金融属性的特征。

国际组织认为，碳资产应包含所有能在碳市场中转化为价值或利益的有形、无形资产。中南财经政法大学许凝青在《关于碳排放权应确认为何种资产的思考》（2014）一文中，从资产确认要素的角度对碳排放权的资产属性进行了详细分析：

1）企业可以通过政府分配配额或从其他企业、机构购买的方式获得碳排放权。因此，碳排放权是由企业在过去的事项或者交易中形成的。

2）通过政府授予或者其他交易方式，企业可获得碳排放权相应的所有权或者控制权。

3）企业可以通过履约、转让及出售等方式直接或者间接获得经济收益。

4）在进行履约转让或出售等活动中所发生的相关支出或成本是可计量的。

综上，碳排放权具备资产的所有要素，可被称为“碳资产”。

本书认为，碳资产是指在自愿或强制碳排放权的交易机制下，产生的可直接或间接影响温室气体排放的碳排放配额、减排信用额及相关活动。例如：

1）在碳排放权交易体系下，企业由政府分配碳排放配额。

2）企业内部通过节能技改活动，减少企业的碳排放量。该行为使企业可在市场流转交易的碳排放权配额增加，因此也可以被称为碳资产。

3）企业投资开发的零排放项目或者减排项目所产生的减排信用。

3.1.2 碳资产分类

从不同的角度出发，碳资产可以分为不同的种类，如图 3-2 所示。

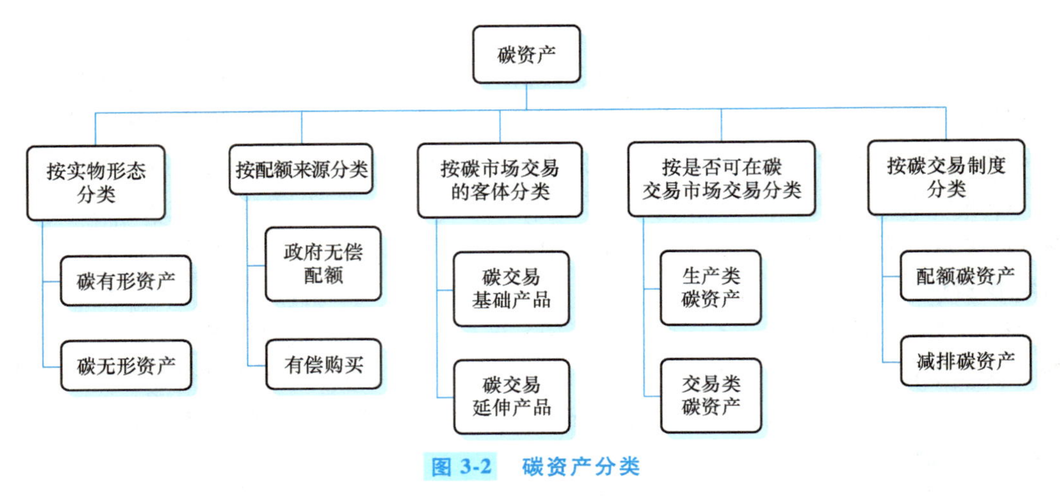

图 3-2 碳资产分类

1. 按实物形态分类

根据是否具有实物形态，碳资产可分为碳有形资产和碳无形资产。当企业拥有有别于其他企业的减排设备、节能灯具等时，这些资源有低碳价值且可以精确计算和评价，具有实物形态，可以称为碳有形资产。碳无形资产是指具有低碳价值但不具有实物形态的资产，如企业实施了低碳措施，由此产生的效率提高、成本降低，进而获得的经济增量可以视为一种碳无形资产。

2. 按配额来源分类

碳资产的一个重要来源就是配额，我国的碳配额有政府无偿配额和有偿购买两种方式。以国内建立的碳市场为基础，政府于年初规划出全国整年内可以排放的二氧化碳数量，向省级分配，再由省级逐级向下分配，这种方式即为政府无偿配额。当政府配额的碳排放权无法满足企业或地区的正常生产经营时，则需要从有碳排放权剩余的其他企业或者地区购买，这种方式即为有偿购买。今后政府无偿配额的数量会呈现逐年减少的趋势，有偿购买碳配额将成为获得碳排放权的主要方式。

3. 按碳市场交易的客体分类

根据碳市场交易客体，碳资产可以分为碳交易基础产品和碳交易延伸产品两种类型。

碳交易基础产品也被称为碳资产原生交易产品，包括碳排放配额（Emission Allowance，EA，简称碳配额）和碳减排信用额。根据国际会计准则理事会（International Accounting Standards Board，IASB）发布的公告（IFRIC3），碳排放配额归类为排污权的范畴，定义为

“通过确定一定时期内污染物的排放总量，在此基础上，通过颁发许可证的方式分配排放指标，并允许指标在市场上交易”[1]。中国银行间市场交易商协会制定了《中国碳衍生产品交易定义文件（2023 年版）》（简称《碳定义文件》），其中对碳排放配额做出如下定义：强制减排交易机制下，由主管部门分配给重点排放单位在规定时期内的温室气体排放限额，是碳排放权的凭证和载体，计量单位为“吨二氧化碳当量（tCO_2e）”。在《京都议定书》中，碳减排信用额是指“在经过联合国或联合国认可的减排组织认证的条件下，国家或企业以增加能源使用效率、减少污染或减少开发等方式减少碳排放，因此得到可以进入碳市场的碳排放量计量单位”。

碳交易延伸产品即碳交易衍生品、碳基金、碳交易创新产品等金融产品。

4. 按是否可在碳市场交易分类

按是否可以在碳市场交易，碳资产可以分为生产类碳资产和交易类碳资产。生产类碳资产是指企业在运营过程中做出低碳贡献，却不能在碳市场上进行交易的低碳资源，如低碳设备、低碳战略、低碳技术等。交易类碳资产是指在碳市场上进行交易的碳指标，既包括来自政府的碳配额等原生产品，也包括碳交易的延伸产品。

5. 按碳交易制度分类

根据我国目前已有的碳资产交易制度，碳资产可以划分为配额碳资产和减排碳资产。

（1）配额碳资产

配额碳资产是指通过政府相关部门分配或进行配额交易而获得的碳资产。它是在“总量控制与交易机制（Cap and Trade）”下产生的。总量控制与交易机制（Cap and Trade）是指在一个环境目标下，政府给某一时间段内该地区或城市可排放温室气体的设置排放总量上限，即总量控制。在控制总量的基础上，将这一总量划分为若干个小分量的碳排放配额，即排放额度，分配给各个企业，作为该企业在这段时间内被允许排放的气体量。如果企业在规定时间内所排放的温室气体超过分配的量，将会受到处罚；但如果没有超过分配的排放量，就可以将节省下来的排放额度放到市场上交易，赚取经济利益。在这样的机制下，企业通过政府分配或配额交易所得到的排放额度就是配额碳资产。

欧盟排放权交易体系下的欧盟碳排放配额（European Union Allowances，EUA）、中国各碳交易试点下的配额等都是参照此产生的，欧盟排放量交易制度的变迁见表 3-1。

表 3-1　欧盟排放量交易制度的变迁[2]

时间	第一时期（2005 年—2007 年）	第二时期（2008 年—2012 年）	第三时期（2013 年—2020 年）	第四时期（2021 年—2030 年）
分配总额	2005 年上升 8.3%	较 2005 年下降 5.6%	较 2005 年下降 21%	较 2005 年下降 43%
分配方法	无偿分配	无偿分配	竞标方式	逐年递减
产业对象	能源与一般工业部门	增加航空部门	增加化工、铝精炼部门	增加电池行业
未达成代价	40 欧元/t	100 欧元/t	根据物价进行调整	根据物价进行调整

（2）减排碳资产

减排碳资产又称碳减排信用额或信用碳资产，是指企业通过自身主动地进行温室气体减

[1] IASB，2004，IFRIC Interpretation No. 3，Emission Rights。
[2] 资料来源：根据欧盟委员会官网、英大证券研究所资料整理所得。

排行动，而得到政府认可的碳资产，或是通过碳市场进行信用额交易获得的碳资产。它是在信用交易机制（Credit-Trading）下产生的。信用交易机制旨在给温室气体排放者（即企业）提供自动减排的动机，通过允许参与者将其所达成的温室气体减排量在碳市场上进行交易换取经济利益的方式，引导企业主动进行温室气体的减排活动。在一般情况下，温室气体控排企业/主体可以通过购买减排碳资产，抵消其温室气体超额排放量。在《京都议定书》框架下的清洁发展机制的核证减排量、自愿碳减排核证标准和我国的国家核证自愿减排量（China Certified Emission Reduction，CCER，即中国核证减排量）都属于上述范畴。

3.2 市场化排放权交易机制

3.2.1 碳排放权交易的产生

随着气候变化科学认知的发展，全球碳排放空间容量日益明确。欧盟最早提出了将全球平均温升控制在工业革命发生以来2℃范围内的目标，这一目标先后得到了一些国家的认可。2009年意大利G8峰会上提出的21世纪全球温升相比工业革命前不超过2℃的目标被写入《哥本哈根协议》；2015年12月《巴黎协定》再次确认全球2℃温升控制目标，并主张把升温幅度控制在1.5℃之内（以工业化之前的水平为基准）。尽管温升水平与大气中温室气体浓度之间的定量关系还存在一定的不确定性，但温升目标的确定在一定程度上相当于为全球的温室气体排放空间设置了一个总量上限。

控温减碳的核心是控制排放温室气体的能源，尤其是控制化石能源的使用等，这里牵涉经济发展这一关键问题。由于温室气体排放具有全球性，应对全球环境变化就需要世界各国的共同努力。从1992年的《联合国气候变化框架公约》到2015年的《巴黎协定》，全球主要碳排放国就各国的减排责任展开了激烈的谈判。各国都已认识到未来温室气体的排放空间越来越小，因此需要立刻采取各种措施来推动各国温室气体的减排。

3.2.2 碳资产交易市场

碳资产交易市场简称碳市场，是指通过碳排放权的交易达到控制碳排放总量的目的，即把二氧化碳的排放权当作商品进行买卖，需要减排的企业会获得一定的碳排放配额，成功减排可以出售多余的配额，超额排放则要在碳市场上购买配额。碳市场以交易机制为核心，碳价应该由市场供需决定。

可以认为，碳市场就是碳排放配额或碳减排信用额交易的市场。在这个市场中存在两类基本的行为：配额或信用额的基础交易行为和在碳市场体系下衍生出的碳金融行为。

3.2.3 碳交易

碳交易是一种通过市场机制实现碳排放权分配和减排成本共担，促进全球温室气体减排的制度。它主要包括碳排放权交易和碳减排项目交易两种类型。

（1）碳排放权交易

碳排放权是指企业在生产经营活动中向大气排放温室气体的权利。政府根据国家承诺的减排目标，制定碳排放权的总量，并通过免费发放或者拍卖的方式分配给企业。企业在碳排放权交易市场上可以购买、出售或租赁碳排放权。

（2）碳减排项目交易

碳减排项目交易是依托具体项目采取技术措施，达到减少温室气体排放的目的，从而获得碳减排量。这些具体的项目通常是在发达国家同发展中国家或经济转型国家之间开展的，目的是实现可持续发展。

3.2.4　配额分配与管理

这里的配额指的是碳配额。2005 年 1 月 1 日，全球首个跨国家、跨行业碳市场在欧盟诞生；2008 年，新西兰排放交易体系依据新西兰《气候变化应对法案》的要求设立，并于当年 9 月正式生效；2009 年和 2012 年，美国区域温室气体倡议和加州总量控制与交易体系相继运行。

关于配额的分配，欧盟在第一阶段和第二阶段采用的是“自下而上”的分配方式。欧盟委员会根据“总量控制、负担均分”的原则，依照欧盟整体的减排目标和各成员国的减排承诺，在欧盟内部协调确定各个成员国分摊的减排义务。每一个欧盟成员国要提交一份国家分配计划（National Allocation Plan，NAP），包含每个设施的排放总量，由欧盟委员会修改审查通过。之后排放总量被转化为配额，由各国根据其 NAP 分配到每个设施。大部分的配额通过免费的形式直接发放，另外还有大约 10%的配额通过拍卖发放，拍卖主要在英国和德国进行。第三阶段由欧盟统一的排放总量代替先前由各国分配计划确定的排放总量。欧盟配额分配机制的变化见表 3-2。

配额分配的原则与方法

表 3-2　欧盟（EU ETS）配额分配机制的变化

阶段	减排目标	总量设定（年均）	拍卖比例	免费分配方法	新进入者配额分配	跨阶段存储和借贷
第一阶段	完成《京都议定书》所承诺减排目标的 45%	22.99 亿 t/年	不超过 5%	祖父法	基准法免费分配，遵循“先到先得”原则	不允许
第二阶段	在 2005 年基础上减排 6.5%	20.81 亿 t/年	不超过 10%	祖父法+成员国基准法	基准法免费分配，遵循“先到先得”原则	允许跨期存储，不允许跨期借贷
第三阶段	在 1990 年基础上减排 20%	18.46 亿 t/年	最少 30%，逐年增加，2020 年达到 70%	欧盟基准法	基准法免费分配，约占总额的 5%，每年递减 1.74%	未定

欧盟委员会在前两个阶段均采用了免费分配为主，有偿分配为辅的分配方式。配额分配方法有祖父法和基准法。

3.2.5　碳核算

碳核算是开展碳管理的基础。碳核算涉及的领域非常广泛，可以分为区域层面、组织层面和产品层面的碳核算，而区域层面、组织层面和产品层面碳核算的意义和计算方法是完全不同的。通常所说的碳足迹核算是指对产品进行碳核算，比如说某个产品在从原材料开采到最终废弃或回收利用整个生命周期内的碳排放，主要是产品在时间序列里的延伸。

产品碳足迹核算是我国“双碳”目标提出后增长最快的业务之一。它最大的业务需求来自欧盟对进口产品的环境政策和下游客户的要求。因为一个产品的碳足迹涉及上游所有企业，所以具有很强的连锁效应。如欧盟计划对进口的电池产品强制报告碳足迹信息，那么出口欧洲的电池其所有的上下游企业都将涉及碳足迹核算。

关于产品碳足迹核算指南，国际上具有参考性的指南包括英国标准协会（BSI）发布的PAS 2050、国际标准化组织（ISO）发布的ISO 14067、欧盟发布的产品环境足迹（PEF）方法及世界资源研究所（WRI）发布的《温室气体核算体系：产品生命周期核算和报告标准》。

3.2.6 碳金融业

碳金融是以碳资产本身为工具开展的业务，传统金融市场中的各类业务和衍生品理论都适用于碳金融。我国碳市场中碳的金融属性比较弱，碳交易的价格绝大多数是以现货交易的方式进行的，碳价并没有与远期价格紧密地连接。目前比较成熟的碳金融业务包括配额置换、配额托管和配额融资，还包括二级市场的碳资产交易。

1. 配额置换

配额置换是碳金融的一种业务模式，主要涉及使用 CCER 来置换碳排放配额的控排企业。具体来说，控排企业可以使用约 5%的 CCER 履约，由于配额与 CCER 之间存在差价，企业可以通过市场购买 CCER，然后与控排企业进行置换，将置换出的配额出售到市场上，从而赚取中间的差价。

2. 配额托管

配额托管是指碳排放控制企业（即控排企业）将其所获得的碳排放配额委托给专业的机构或个人进行管理。为了防止交易员直接将配额转走，交易所会充当第三方监管的角色，如上海环境能源交易所推出的借碳交易业务。

3. 配额融资

2021 年 7 月，中国人民银行发布了行业标准 JR/T 0228—2021《环境权益融资工具》。该标准介绍了三种环境权益融资的典型流程，涉及的三种融资包括回购、借贷和抵质押贷款。

回购是指交易双方同时达成出售和回购协议，其中一方同意出售环境权益，另一方可以抵质押品交换。回购条款通常约定以特定的价格，在协议约定的未来某一日期购回相同或等同的环境权益。

借贷是指企业以其合法拥有的环境权益（如碳排放权、排污权等）作为融资基础，向金融机构申请贷款的行为。这种融资方式允许企业将环境权益转化为流动资金，用于企业的日常运营、技术改造或绿色项目等。

抵质押贷款是环境权益融资工具的另一种重要形式。它是指企业以环境权益作为抵质押物，向金融机构申请获得贷款的融资活动。这种融资方式不仅有助于企业盘活环境权益资产，还能为金融机构提供新的投资渠道和风险控制手段。

4. 其他碳金融业务

2021 年 2 月 8 日，全国首批 6 只碳中和债券在银行间债券市场成功发行，合计发行规模为 64 亿元。这是全球首批碳债券。

3.2.7　碳金融体系

在国际上，碳金融体系主要涵盖碳金融市场体系、碳金融组织服务体系和碳金融政策支持体系三个方面，如图 3-3 所示。

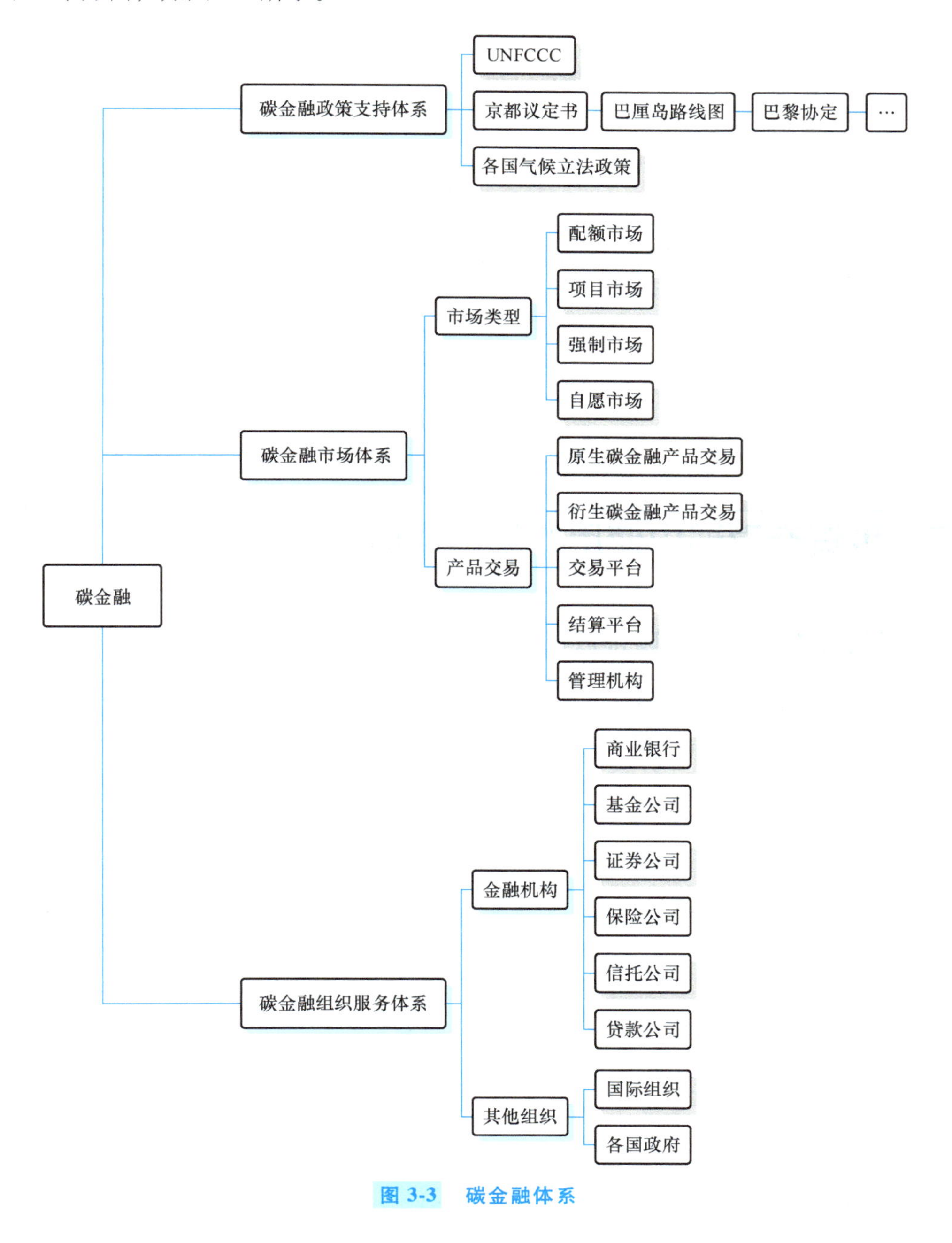

图 3-3　碳金融体系

3.2.8 碳金融衍生品

自2020年9月我国正式提出“二氧化碳排放力争于2030年前达到峰值，努力争取2060年前实现碳中和”目标（简称“双碳”目标）以来，如何确保经济社会长期低碳发展与转型已经成为各级政府所共同聚焦的问题。然而，仅依靠政府的财政支出远远不能满足碳中和领域的投资缺口。为此，我国长期致力于充分发挥碳金融作用，撬动社会资源，共同创造、管理与运行一个支撑“双碳”目标实现的框架。

金融衍生品自诞生以来，不断发展壮大，并在现代市场体系中扮演着套期保值和投机套利等重要角色，在风险管理中也发挥着难以替代的功能和作用。碳衍生品属于金融衍生品中以碳资产为标的的产品，也具备同样的功能和作用。具体到实践层面，中国证券监督管理委员会于2022年4月发布了行业标准JR/T 0244—2022《碳金融产品》，明确碳金融产品种类及主要涉及产品，见表3-3。

表3-3 我国碳金融产品种类及主要涉及产品

产品种类	涉及产品
碳市场交易工具	碳债券、碳资产抵质押融资、碳资产回购、碳资产托管
碳市场融资工具	碳远期、碳期权、碳期货、碳掉期/碳互换、碳借贷
碳市场支持工具	碳指数、碳保险、碳基金

3.3 碳资产管理中使用的基础理论

3.3.1 经济外部性理论与碳排放权交易

经济外部性理论由著名的经济学家马歇尔（Marshall）在20世纪提出，后有庇古（Pigou）的福利经济学、科斯（Coase）的科斯第二定理。三位经济学家为经济外部性理论的发展贡献了里程碑式的成果，为后续的研究提供了新的思路，解释了许多古典经济学无法解释的问题。

马歇尔认为，生产要素除了土地、劳动和资本外，还存在一种要素——工业组织，它包括分工、机器的改良、有关产业的相对集中、大规模生产及企业管理。马歇尔的学生庇古则首次用现代经济学的方法从福利经济学的角度系统地研究了外部性问题，并在其所著的《福利经济学》一书中指出：“经济外部性的存在，是因为当A对B提供劳务时，往往使其他人获得利益或受到伤害，可是A并未从受益人那里取得报酬，也不必向受损者支付任何补偿。”根据外部性影响的结果，经济外部性可分为外部经济和外部不经济。其中，对外界造成不好的影响称为外部不经济，它可以进一步分为生产的外部不经济和消费的外部不经济。环境问题就是外部不经济的必然结果。科斯则认为，在产权不明确的条件下，企业生产中导致的外部性问题是无法避免的。只有明确产权，才能消除或降低这种外部性所带来的伤害；并且在明确产权的基础上，还需要引入市场价格机制，以便有效地确认相互影响的程度以及相互负担的责任。产权的经济功能在于克服外在性，降低社会成本，从而在制度上保证资源配置的有效性。科斯认为，产权界定和市场能解决外部性问题。

根据上述所说，关于如何使生产者必须考虑由其污染产生的外部成本，将外部成本内部化，经济学家提出了三个思路：①新古典主义的“庇古税”思路，坚持强调市场机制的作用，认为环境污染所产生的外部性可以用征税形式使之内部化；②产权管理思路，将产权同外部性联系起来，强调市场机制的作用，认为可以在需要政府干预的情况下，通过产权明晰和协调各方的利益或讨价还价的过程而使外部成本内部化；③国家干预思路，主张政府以非市场途径对环境资源的利用进行直接干预。

关于外部效应的内部化问题一直被庇古税理论支配。科斯在《社会成本问题》中多次提到庇古税问题，并在批评庇古税理论的过程中提出了解决外部性的新方法。科斯指出，如果交易费用为零，不论权利如何界定，都可以通过市场交易和自愿协商达到资源的最优配置；如果交易费用不为零，制度安排和选择是重要的。也就是说，解决外部性问题可以通过市场交易形式，即自愿协商来替代庇古税。戴尔斯在科斯的基础上将产权概念引入环境污染控制，首次提出了排放权交易的概念，由政府界定并将污染排放的产权发放给排放者，同时允许交易转让此权利，通过市场手段优化自愿配置。

1970 年，美国国会通过了《清洁空气法》(*Clean Air Act*)，在其中制定了一系列针对空气污染的法规和国家标准，形成了这部法案的基本框架和核心内容。1990 年针对这部法案又进行了重要的修订，在修订后的《美国清洁空气法案修订案》中，将二氧化硫总量交易制度纳入其中。二氧化硫总量交易制度是排放权交易的首次大规模实践，取得了非常积极的环境治理效果。排放权交易制度开始在全球范围内推广。

碳排放权交易制度是二氧化硫排放权交易制度的一个延伸。二氧化硫排放权交易中的内容只是对局部或部分地区大气环境造成危害的二氧化硫排放，而碳排放权交易制度中交易的内容是对全球环境造成危害的温室气体排放。

3.3.2　稀缺资源的最优配置与配额分配

经济学的核心是研究稀缺资源的合理配置。亚当·斯密（Adam Smith）（1776）在所著的《国富论》一书中主张市场这只“看不见的手”自觉调节经济活动，认为这是资源配置最优的途径市场，并由市场自觉调节理论创立了资源配置的古典经济学理论体系。大卫·李嘉图（David Ricardo）（1817）对技术资源很早就予以重视，其分配论和著名的边际报酬递减规律。大卫·李嘉图认为，不断进步的生产手段与技术可以作为延缓或者提高边际报酬递减的手段，由此引出了资源配置理论。有众多的消费者和生产者博弈与制衡，每个人根据自身的偏好追求利益最大化，在追求自己的利益时，人们多数情况会展现出比在真正出于本意的情况下更能够促进社会利益增长的行为。亚当·斯密和大卫·李嘉图认为，完全竞争市场是资源优化配置最合理的市场。完全竞争市场是西方经济学在研究中从现实中抽象出来的理想化市场模型，所具备的条件是市场中有大量的买者和卖者，资源完全流动，每个厂商提供的产品都是同质的，所有产品信息也是完全公开的。

帕累托（Pareto）（1896）在《政治经济学讲义》和《政治经济学教程》等著作中，以序数效用论代替瓦尔拉的技术效用论，论述了社会福利最大化的问题。帕累托的观点是如果分配的标准通过一定的改变促进了每个人的福利改进，那么就可以认为所做出的这种改变有利；相反，若使每个人的福利都减少了，则这种改变就不利；如果使一些人的福利增进而使另一些人的福利减少，那么对整个社会来说，就不能认为这种改变有利。这样的论述提供了经济体系资源配置效率的标准。

钱存端（1994）在《对完全竞争市场模型的剖析》中阐述了完全竞争市场模型并不排斥政府对市场的干预，并且完全竞争市场模型主要分析的是价格竞争，商品和经营者还将发生非价格竞争。能够最大限度地满足人们需求的资源配置是最优配置状态，实现最优资源配置遵循效率原则、公平原则及两者监督的原则。

碳排放配额分配（简称配额分配）是碳排放权交易制度设计中的一个核心内容。一家企业或一个地区能够获得多少碳配额，与企业的生产成本和地区的经济发展密切相关。这是因为在碳排放权交易市场建立以后，由于碳配额的稀缺性，碳排放权将形成碳价，因此碳配额的分配实质上是地区经济发展和对财产权利的分配，而配额分配方式也决定了企业参与碳排放权交易的成本。

3.3.3 信息非对称理论对碳价和风险的影响

20 世纪 70 年代，乔治·阿克尔洛夫（George Akerlof）、约瑟夫·斯蒂格利茨（Joseph Stiglitz）和迈克尔·斯宾塞（Michael Spence）分别从商品交易、金融市场和劳动力三个不同领域研究了信息不对称的问题。信息不对称是指在市场中，交易双方所掌握的信息量并不对等，这一信息差导致在交易中一方可以占据优势，利用信息量的差异来谋取自身利益的最大化，是导致企业产生融资约束的主要原因。一般而言，企业所需资金可以通过内外部两种渠道获得：内部渠道为企业自身经营产生的现金流；外部渠道则是向投资者进行融资。但是，信息不对称使得外部投资者对企业缺乏充分的了解，企业难以获得信任。企业的外部融资成本远高于内部融资成本，从而很难通过外部渠道获得资金来满足企业的需要，因而会通过高的资本成本予以补偿。另外，这种损失持续发生将会导致“劣币驱逐良币”现象的出现，即市场的优胜劣汰机制发生扭曲，质量好的产品被挤出市场，而质量差的产品却留在市场。那么，信息贫乏的一方为了扭转不利的局面，会努力地从另一方获取信息，对新信息有了极大的需求。信息不对称理论主要用于解释市场中的人因获得信息渠道的不同、信息量的多寡而承担不同的风险和收益。

碳市场中碳价的形成与参与碳市场交易的主体对整个碳交易机制、碳市场、碳价和对某个行业的了解程度有密切的联系。参与碳市场交易的不同主体对某部分知识掌握的程度不同，就形成了信息不对称的现象，此时掌握信息较多的一方就会在碳市场中利用所具备的信息和知识优势从信息知识较弱的一方获得利益。这种利益可以是在碳价的形成过程中有利于信息多的一方，也可以是在双方合作的过程中把某些交易中的风险转移给对方或者其他利益相关方。

3.3.4　利益相关者理论与碳信息披露

“利益相关者”一词最早由弗里曼（Freeman）在 1984 年提出。弗里曼出版了《战略管理：利益相关者方法》一书，明确提出了利益相关者管理理论。利益相关者管理理论是有关企业的经营管理者为平衡各利益相关方的利益诉求而进行的管理活动的理论。利益相关者理论认为，企业是所有利益相关者之间的一系列多边契约，管理者不仅是股东的代理人，也是其中一组契约的代理人。因此，管理者不仅要为股东服务，也要为所有的利益相关者服务。威勒（Wheeler）（1998）从相关群体是否具备“社会性”（即人与人之间的社会关系）及对组织的影响力两个角度，将利益相关者分为四类：

1）主要的社会性利益相关者。他们具有社会性，直接参与组织活动，并对组织产生直接影响，如投资者、经理人、供应商、合伙人等。

2）次要的社会性利益相关者。他们具有社会性，不直接参与组织活动，但有时会对组织产生重要影响，如政府、媒体、竞争对手等。

3）直接的非社会性利益相关者。他们不具有社会性，但会对组织产生直接影响，如自然环境、非人类物种等。

4）间接的非社会性利益相关者。他们不具有社会性，与组织没有直接联系，不对组织产生直接影响，如环境压力集团。

Huang 和 Kung（2010）在研究中将利益相关者划分为三类：外部利益相关者、内部利益相关者和中间利益相关者。

用利益相关者理论可以解释企业进行环境信息披露的必要性，即要平衡环境目标和企业经济绩效之间的关系，使企业的战略发展、利益相关者的需求与社会、环境责任相一致。环境信息披露是实现利益相关者和企业充分交流的渠道和方式，是加强企业对受托责任的履行和提升企业透明度的方法。同时，环境信息披露可以强化企业利益相关者对企业的监督职能，从而保护所有利益相关者的利益。

依据利益相关者理论，碳信息披露可以被解释成利益相关者在应对气候变化问题压力时对信息的需求。企业应对利益相关者的压力就是提供碳排放信息，也即多元化的利益相关者力量会影响企业的紧急行为反应，主要体现在对来自不同利益相关者的压力和需求做出恰当的响应，以及对稀缺资源的配置来平衡不同利益相关者的相互冲突的优先权。弗里曼等认为，利益相关者理论促进了与社会和道德相关的会计、审计和报告等的发展。与合法性理论相比，后者关注解释与理解企业碳信息披露的效果；前者则可以视为一座通往碳信息披露进程和流程管理的桥梁，因为它解释了强有力的利益相关者对碳管理的潜在影响。

政府是碳信息的重要使用者。政府将自然资源的部分使用权和经营权交由企业，因此企业具有向其披露碳信息的义务，而政府能够根据企业反馈的信息进行规范和监督。其次是投资者。投资者主要关注的是其所投资金是否安全，以及日后所能获得的收益多少。因此，投资者需要对所投资企业的各方面情况有详细了解。最后是企业管理层。企业管理者需要在了解详细的碳信息之后，才能在相关方面做出合理决策，尽量规避经营风险。

3.3.5 碳资产定价的基本理论

碳资产具备金融资产的基本特征，其定价理论和框架遵循金融资产定价的一般性规律。金融资产定价理论为碳金融资产的定价研究提供了基础理论支撑，碳资产又因其特殊的市场效率状况及价格的特殊波动特征具有不同的定价理论。普遍依托的理论有基于有限理性的碳金融市场效率理论、CAPM（资本资产定价模型）、多因子定价理论等。

3.3.6 合法性理论

企业为了实现在社会中能够可持续地“生活”，实现自身的目标和利益，必须遵守社会的约束，与社会主流的观念、价值观保持一致。该理论将企业所处的外部环境与其行为联系在一起，通过组织或从组织披露的角度评估企业的责任。总的来说，当企业和社会的价值观不相同或存在利益冲突时，企业的存在就面临不合法的危险。企业除了追求自身利益最大化，还必须履行对利益相关者的社会责任，才能维护其“合法性”，从而获得社会大众的认可。

林德布洛姆（Lindblom）（2019）对企业的合法性状态和实现这一状态的过程进行了严格的划分。企业获取、维持、修补合法性状态的过程即为合法化（相关研究者也将其称为合法性管理）。其中，不管是企业实现合法性状态，还是实现这一状态的过程，最终都需要获得社会的认可。

信息披露是企业实现合法性的重要方式和具体体现。从事前管理的角度来看，信息披露可以预防性地为企业树立良好的社会形象，获得良好的社会声誉，提前应对即将产生的社会要求增加信息披露的合法性压力，从而有助于企业获得并保持合法性；从事后管理的角度来看，信息披露可以被视为企业事后补偿自身面临的合法性危机，从而修补企业行为和合法性之间差异的行为。影响企业合法性的关键因素是企业是否进行信息披露。总而言之，环境信息披露可以在保持企业现有经济格局的同时，保持企业的合法性管理。

将合法性理论应用到碳信息披露领域，在全球气候变暖问题日益严重的今天，企业充分披露碳信息，能够向社会传递企业承担环境责任的信息，展示企业的社会责任感。另外，许多学者研究发现，由于重污染行业对环境的影响程度较大，受到社会公众和监管部门的更多关注，相较非重污染企业有更大的动力实现自身的合法性，也承担着相对更多的碳减排责任，可能会更主动、更充分地进行碳信息披露，以达到相关监管部门的要求，同时树立良好的企业形象，履行自身的社会责任。

合法性理论也提供了关于碳信息披露动机的解释。根据合法性理论，碳信息披露或者说环境信息披露是企业应对外界压力的一种方式。迪根（Deegan）（2020）展示了环境信息披露如何被用来维护企业与社会之间的隐性社会契约。如果企业打破了这个契约，则社会可能会对企业进行越来越严格的环境审查。作为备受社会关注的热门话题，气候变化、碳减排等与企业合法性息息相关；同时，还有其他因素会影响企业的合法性管理，如企业规模、媒体曝光等。

3.4 企业碳资产管理

企业碳资产
管理实务

企业碳资产管理的核心内容有四大部分：碳资产数据管理、碳资产信息管理、碳资产技术管理和碳资产交易管理。

3.4.1 碳资产数据管理

碳资产数据管理主要涉及数据监测与分析、数据核算与报告及配合第三方核查等相关内容。

在数据监测与分析方面，有以下五个方面的内容：

1）严格制订并实施年度碳排放监测计划。

2）用能部门需准确记录能源使用与消耗。

3）要及时汇总整理各个用能部门数据，并分析异常数据原因。

4）依据监测数据跟踪全年排放量，并预测预警配额盈缺量。

5）建立监测设备与计量器具台账，做好维护与定期校验工作。

在数据核算与报告方面，需要做好以下两个方面的工作：

1）正确识别排放源与排放边界，建立排放源台账。

2）建立保持有效的数据内部校验与质量控制要求，包括对文件清单、原始资料及监测报告等的要求。

3.4.2 碳资产信息管理

碳资产信息管理的内容包括温室气体排放量的核查与信息公开机制。

1）温室气体排放量的核查。温室气体排放量的核查是指在定义的空间和时间边界内，以政府、企业为单位计算其在社会和生产活动中各环节直接或间接排放的温室气体。

根据核查对象不同，温室气体排放量的核查可以分为基于组织层面（企业、政府等）的核查和基于产品/服务层面的核查。基于组织层面的核查主要强调碳排放的责任归属，而基于产品/服务的核查主要强调产品/服务的全生命周期的累计排放。企业温室气体排放量核查的工作内容包含了以上两个方面，目前基于产品/服务的核查更多一些。

2）信息公开机制。基于温室气体排放量核查的对象不同，信息公开机制主要分为碳披露与碳标签。

1. 碳披露

碳披露是指企业将自身的碳排放情况、碳排放计划和碳排放方案、执行情况等适时适度向公众披露的行为。在国外，有一个专门由机构投资者发起成立的国际性合作项目——碳披露项目（Carbon Disclosure Project，CDP），该项目主要目的是“在气候变化所引起的股东价值和企业经营之间创造一种持久的关系”，也试图“在高质量信息的支持下推动对话，对气候变化做出合理的反应”，该项目已成为碳交易信息披露和报告的主要形式。2000 年，碳信息披露项目（CDP）在英国成立，随即在全球开展工作，目前已成立四个分项目，包括气候变化项目、供应链项目、水项目和森林项目。该组织每年会向世界范围内的大企业发放问卷，要求其公开碳排放信息及为气候变化所采取措施的细节。CDP 问卷的调查内容如图 3-4 所示。

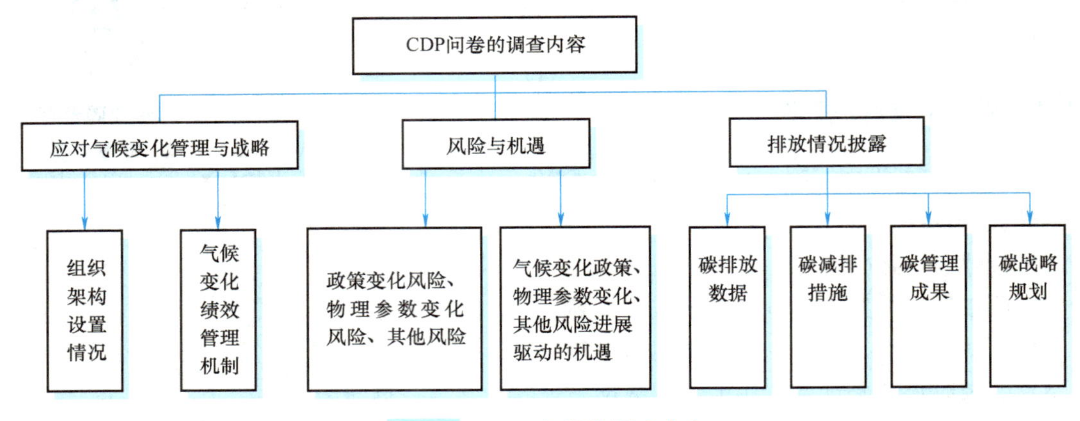

图 3-4　CDP 问卷的调查内容

欧美国家政府组织与环境主管机构掌握的碳排放数据可以免费供公众查询，主要用于政策制定和学术研究等方面。一般而言，欧美国家碳排放数据的披露是企业自发性行为，一些非营利组织与商业机构通过这一渠道整合了部分碳排放数据。一些欧美企业在特定的平台主动披露碳排放数据，具有自下而上的特点。

与国际上的碳排放上报机制相同，我国的碳排放上报机制也分为强制性上报和自愿披露。碳排放权交易市场试点省市的环境主管部门通过企业强制上报获得一手数据。2013 年—2016 年，北京、天津、上海、重庆、湖北、广东、深圳和福建 8 个省市陆续开展了碳排放权交易试点，先后出台了关于企业温室气体排放信息披露的相关规定，要求包括电力、钢铁、化工、水泥、石化、造纸等在内的高耗能行业的重点碳排放单位，向当地生态环境厅（局）报送年度碳排放数据，经第三方机构核验后，用于制定各排放企业下一年度碳排放配额。

（1）碳披露的三个路径

2022 年，《企业环境信息依法披露管理办法》（简称《环境信息办法》）、《企业环境信息依法披露格式准则》（简称《披露格式准则》）、《京都议定书》对碳排放信息、碳排放量进行了规定。国际上碳信息披露的路径有三种占多数，分别是参与 CDP 问卷调查、在企业社会责任报告中披露碳信息和运用《温室气体核算体系：企业核算与报告表》中披露碳信息。具体路径如下：

1）路径一：参与 CDP 问卷调查。碳信息披露的重要路径之一是参与 CDP 问卷调查。碳披露项目（CDP）是 2000 年在英国成立的非营利组织，它拥有世界上最大的温室气体排放数据库，是国内外最为知名的碳披露项目，也是碳披露项目的里程碑。它的目的是通过市场的力量鼓励企业将它们的碳排放情况、碳减排计划以及碳减排的实施情况向公众披露。CDP 每年都会向企业发放问卷，调查这些企业的碳排放情况。企业参与 CDP 问卷调查，对气候变化的有关信息和数据进行披露。这些信息和数据为投资者提供了重要的参考依据。

CDP 问卷调查包括广泛的范围，每年问卷调查的内容都会发生变化，大概分为气候变化、水安全、森林三类，其中气候变化是收到回复最多的问卷。一般主要包括以下内容：①碳减排的企业治理。例如，针对碳减排，企业应该设置什么管理机构，它们的职责是什么，有哪些激励机制和成果指标。②低碳战略，包括企业碳风险管理的方法、碳管理的战略，气候变化管理进程，碳减排的目标，参与建立与低碳有关的公共政策等。③温室气体排放的核算，包括碳核算的方法、碳排放的直接核算法及间接核算法。企业可以公布自身温室气体的减排量和减排百分比、减排目标的进度、减排活动的投资额及减排活动带来的资金节约和收益。④全球气候治理，包括各企业对碳减排的责任分担、所有企业总体和每个企业个体的减排成效及国际气候的治理机制。⑤气候变化带来的风险与机遇。气候变化带来的风险有政策变化风险、物理参数变化（如气候参数改变）风险、其他风险；同样，气候变化带来的机遇也是指以上三种变化所带来的机遇。

CDP 建立了一个成功的碳信息披露路径。参与 CDP 问卷调查能使企业客观地了解自身在碳减排方面的优势和缺点，更好地反思自己的碳减排政策。

2）路径二：在企业社会责任报告中披露碳信息。在企业社会责任报告中披露碳信息也是一个重要的路径。企业社会责任报告（Corporate Social Responsibility Report，CSR 报告）是企业向社会公众和利益相关方披露其在经济、环境和社会方面的表现和承诺的一种重要途径，包括可持续发展报告、环境报告、企业公民报告、企业社会与环境报告等。编制社会责任报告的模板《可持续发展报告指南》将绩效指标分为经济、环境和社会三个层面，规范了社会责任报告的内容。

在企业社会责任报告中，碳信息披露是其中一个重要内容，包括公开其碳排放数据、碳减排措施、碳管理成果、碳战略规划等相关信息。其中，碳排放数据包括企业的直接和间接碳排放数据，如工厂、办公室和供应链等环节的碳排放情况；碳减排措施包括企业采取的减排措施和技术创新，如节能减排、可再生能源应用、碳捕捉和储存等；碳管理成果包括企业实施碳管理措施后的成果和效益，如减少的碳排放量、节约的能源成本等；碳战略规划包括企业未来在碳管理方面的规划和目标，包括碳中和计划、碳减排目标等。

碳信息披露可以增加企业的透明度，提高社会公众对企业的信任度。公开碳排放数据和减排措施可以让利益相关方更好地了解企业的环境表现，从而建立更加信任的关系。企业可以更好地识别和管理碳排放相关的风险，有助于制定更加有效的碳管理策略，降低环境和气候变化对企业经营的不利影响。许多国家和地区都有碳排放的监管要求，企业披露碳信息有助于确保企业的合规性，避免因碳排放问题而面临法律风险。

3）路径三：运用《温室气体核算体系：企业核算与报告标准》披露。《温室气体核算体系：企业核算与报告标准》是一项重要的标准，用于规范企业在核算和报告温室气体排放时的方法和流程。以下是关于运用该标准披露碳信息的详细内容：

首先，温室气体核算体系是一个用于度量和报告企业温室气体排放的方法学框架。该体系采用了一系列标准化的方法，以确保不同企业使用相似的方法来核算其温室气体排放。在使用这个核算体系时，企业需要按照其中规定的方法进行碳信息的披露。这包括从温室气体的产生源开始，通过各个阶段的产业链，直到最终排放。企业需要详细记录和报告其活动中产生的二氧化碳、甲烷等温室气体的排放量。这有助于提高数据的可比性和透明度，使得企业间的排放情况可以更容易地进行比较和分析。

其次，企业需要按照标准中规定的时间框架进行碳信息的核算和报告。这通常是以年度为单位的，企业需要在每个报告周期结束后，及时准备和发布其温室气体排放的数据。这有助于社会和利益相关方更好地了解企业的环境影响，并推动企业采取更为可持续的经营方式。

（2）披露碳信息时企业需要关注的问题

在披露碳信息时，企业需要关注以下几个关键方面：

1）排放范围的确定。核算体系要求企业明确定义其温室气体排放的范围，包括直接排放和间接排放。直接排放来自企业内部活动，而间接排放通常与企业的能源使用和供应链有关。

2）数据准确性和可验证性。企业需要确保其数据的准确性，并提供相关的核实和验证机制。这有助于确保企业提供的碳信息是可信的，并可以被外部审计机构核实。

3）报告的透明度。核算体系强调报告的透明度，企业需要清晰地呈现其碳信息，以便各方能够理解和评估。这可能包括采用标准的报告格式和语言。

4）目标和改进计划。企业通常需要在报告中陈述其减排目标和采取的具体措施。这有助于展示企业对可持续发展的承诺，并激励其采取进一步的减排行动。

总体而言，企业运用《温室气体核算体系：企业核算与报告标准》，能够更全面、规范地披露其碳信息，为社会、投资者和其他利益相关方提供更多洞察力，促使企业朝着可持续的方向发展。

碳信息披露的内容显然不会止步于目前条文中的规定，从条文最后的“等”字也可以看出，目前有关碳信息的披露内容实际是有限的，只是具体内容还不能详细说明“双碳”。根据榜单，信息披露与沟通、碳排放管理机制、气候风险识别与管理、碳排放绩效、碳排放目标、低碳战略、低碳行动、业务发展、低碳投融资、目标评估与调整均是对上市公司领导力的评价，这些内容并未明确在立法中体现，而是通过行业自律的形式进行统计，无法确保每家上市公司均能遵守，因此，应在立法中经过专业技术人员的评估，有选择性地采纳其中的碳信息披露内容。

（3）三种碳披露路径的区别与联系

1）三种路径的区别。CDP 问卷侧重于温室气体排放和气候变化的相关信息，是一种由非营利组织发起的调查机制，企业通过回答问卷进行碳信息披露，工作量大大减少，更加方便。企业社会责任报告更全面，包括社会、环境和经济方面的信息，强调企业在多个层面的可持续经营；《温室气体核算体系：企业核算与报告标准》是一套专注于温室气体排放核算与报告的规范，提供了详细的方法论和流程。

2）三种路径的联系。三者都为企业提供了在气候变化和可持续发展方面披露碳信息的路径，路径三是基础，路径一、路径二是形式。这三种路径可以有效地整合在一起：企业先根据《温室气体核算体系：企业核算与报告标准》的程序、方法、工具进行能源消耗的统计和碳排放的核算，编制温室气体报告，量化碳信息，解决缺乏数据的问题；再通过 CDP

问卷和企业社会责任报告公开披露碳信息。

这些路径相辅相成，帮助企业提高透明度，回应社会对环保和可持续性的关切。在整合这些途径的同时，企业能够更全面地展示其在碳信息披露方面的努力和成果。企业在披露碳信息时通常综合运用这三个路径，以全面展示其在气候变化和可持续发展方面的绩效。这有助于满足不同利益相关方的需求，促使企业在环境和社会层面更全面、透明地管理其业务。

（4）碳信息披露的内容框架

强制性碳信息披露制度下，企业在法律法规的要求下，遵照规范统一的范围、形式和标准充分披露其碳信息，推动企业更积极地降低碳排放、管理气候风险，并提供更全面的信息以满足投资者和社会的期望。这一立法趋势反映了社会对企业责任感的要求不断提升，也有望在推动企业向更可持续经营模式过渡的过程中发挥关键作用。企业需要密切关注相关法规变化，调整其碳信息披露和气候管理实践，以适应未来的可持续发展要求。

1）自愿性碳信息披露项目的内容框架。自愿性碳信息披露项目的内容框架是企业自发选择公开其温室气体排放和气候相关信息的一种方式，目的是提高透明度、分享最佳实践，并展示企业对可持续发展的承诺。目前来看，有 5 个国际组织对碳信息披露做出了规定：加拿大特许会计师协会发布的气候风险披露倡议；气候披露准则理事会建立的全球企业的气候变化报告框架；普华永道会计师事务所发布的企业气候变化信息披露的范例；全球报告倡议组织制定的《可持续发展报告指南》；机构投资者自发成立的碳披露项目（CDP）。

这 5 种碳信息披露框架各有侧重，披露内容也有所不同，但一般都包括以下内容：①温室气体排放的核算方法；②低碳战略；③气候变化的风险与机遇；④对气候变化的全球治理。自愿性碳信息披露项目的内容框架如图 3-5 所示，但具体内容和要点根据企业所处的行业、自身规模和特定需求而有所不同。

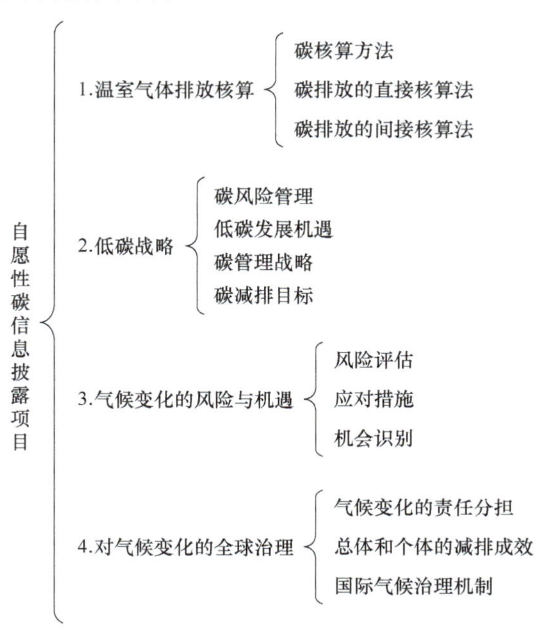

图 3-5　自愿性碳信息披露项目的内容框架

我国关于自愿性碳信息披露的规定主要体现在2008年施行的《环境信息公开办法（试行）》中，包括优先安排环保或清洁生产示范项目或媒体公开表彰。立法如此规定是从两方面对公司进行激励：通过优先安排部分项目的方式为公司提高经济收入，满足公司的盈利要求；通过政府背书或媒体公开表彰为公司提高知名度，吸引更多投资者关注。从最终目的上看，吸引投资者关注的最终目的依然是满足公司的盈利要求，因此应对公司自愿解决经济发展与环境责任之间冲突问题的行为进行奖励。但是，目前《环境信息公开办法（试行）》中的规定激励效果不明显。《中国上市公司碳排放排行榜暨双碳领导力榜（2022）》指出，主动披露碳排放信息的上市公司占比并无增长，主动披露碳排放信息的上市公司数量从2021年的44家减少为43家。我国企业自愿披露的数量不多，且披露碳信息的质量不高。税收与公众监督往往是良好表现形式，因此我国可以从税收减免和ESG评级[㊀]的角度进行尝试。基于企业是营利性组织的特征，企业碳信息披露的成本效益从本质上影响企业的披露行为。企业只有认为其披露收益大于成本，才会愿意披露碳信息。目前上市公司一般严格按照中国证监会及证券交易所的相关法律、法规和《公司章程》《上市公司信息披露管理办法》等的要求，能够认真履行信息披露义务。在指定的《中国证券报》《上海证券报》《证券日报》《证券时报》和巨潮资讯网等企业信息披露的报纸和网站，真实、准确、及时、完整地披露公司信息，确保所有股东有公平的机会获得公司相关信息。而非上市公司的碳信息披露渠道及形式是一般公众很难获取的，进一步地，是否披露碳信息对其经营行为有无不良影响，公众更是无法得知。在非强制法令下，企业一般会逃避披露环境信息。

通过采用这样的自愿性碳信息披露项目的内容框架，企业可以向利益相关方展示其在气候变化和可持续发展方面的承诺和实践。这体现了企业责任感的不断提升，不仅有助于提高企业的社会责任形象，还能推动行业内的最佳实践，共同应对全球气候变化挑战。这个框架应根据企业的具体情况进行调整和完善，以确保披露的信息真实、全面、可比，并符合国际标准和最佳实践。

2）强制性和自愿性碳信息披露存在的问题。强制性和自愿性碳信息披露是企业在面对气候变化和可持续发展压力下采取的两种不同的途径。虽然这两种方式都旨在促进企业的气候透明度和责任，但它们各自存在一些问题和挑战。以下是对强制性和自愿性碳信息披露存在问题的详细分析。

① 强制性碳信息披露存在的问题：

A. 标准不一致。强制性碳信息披露通常涉及政府或监管机构的规定，但不同国家和地区的标准可能存在差异。这导致了企业在全球范围内难以遵循相同的披露标准，增加了跨境经营企业的合规难度。

B. 成本高昂。对企业来说，强制性碳信息披露可能涉及大量的数据收集、监测和报告工作，这对一些中小型企业而言可能是一项沉重的负担。高昂的成本可能限制企业的资源用于创新和可持续性投资，降低其在市场上的竞争力。

C. 刚性和僵化。强制性碳信息披露的要求通常较为刚性，对所有企业都采用相同的框

㊀ ESG评级是一种基于环境（Environmental）、社会（Social）和治理（Governance）因素对企业进行的综合评估。

架和指标。这可能无法完全适应不同行业和企业的差异性，导致信息披露僵化和缺乏灵活性，难以满足企业特定的业务和可持续发展需求。

D. 执法难度。监管机构需要投入大量行政资源来进行监督和执法。在某些情况下，监管机构可能面临监管能力不足的问题，导致规定的执行难度增加。

②自愿性碳信息披露存在的问题：

A. 信息不完整。由于自愿性碳信息披露没有明确的法定要求，企业可能选择性地披露碳信息，而不提供全面的、准确的数据。这可能导致投资者、消费者和其他利益相关方无法获得完整的企业碳排放状况。

B. 缺乏一致性。在自愿性碳信息披露中，企业可能使用不同的框架和指标，缺乏一致性和可比性。这使得难以进行行业间或企业间的有效比较，阻碍了利益相关方对企业绩效的全面评估。

C. 利益相关方不参与。在自愿性碳信息披露中，企业对利益相关方的参与通常是自主的，导致一些企业可能选择忽视或限制外部参与。这降低了披露的透明度和可信度。

D. 确认问题的难度。在自愿性碳信息披露中，企业可能面临确认和核实数据的难题。缺乏独立验证机构的参与可能导致信息的真实性受到质疑。

③ 综合对比和解决方案：

A. 统一标准。为解决强制性碳信息披露标准不一致的问题，各国应积极合作，制定全球一致的碳披露框架，以确保企业在全球范围内遵循相同的标准。

B. 强调数据质量。对于自愿性碳信息披露，需要鼓励企业提高数据的准确性和完整性，并通过独立验证来确保披露的信息真实可信。

C. 制定灵活的框架。强制性碳信息披露的框架应该更具灵活性，能够适应不同行业和企业的差异，以确保企业可以根据其特定的业务情境进行合适的披露。

D. 激励措施。政府和国际组织可以通过提供激励措施，鼓励企业主动采取自愿性碳信息披露，如税收减免、认证奖励等，以推动更多企业参与。

2. 碳标签

碳标签制度最早始于英国。2007 年 3 月，英国碳信托有限公司（Carbon Trust）试行推出了全球第一批标示碳标签的产品，包括薯片、奶昔、洗发水等消费类产品。2008 年 2 月，碳信托有限公司加大了碳标签的应用推广，对象包括 TESCO（英国最大连锁百货企业）、可口可乐、Boots 等厂商的 75 项商品。

我国自 2018 年开始推动“碳足迹标签计划”，目前我国的碳标签制度还在逐步完善中。产品碳标签评价标准由国家低碳认证技术委员会、中国电子节能技术协会、中国质量认证中心在国家市场监督管理总局指导下联合开展工作。

企业进行产品碳标签认证的流程为：企业自愿提出申请，机构做出受理决定→对照产品碳足迹评价通则，认证机构进行评价→开展认证→发放碳标签证书、低碳产品供应商证书、碳标签使用授权书→发放碳标识→认证机构负责监督工作。产品/服务通过受理认证机构认证后，由中国电子节能技术协会、中国碳标签产业创新联盟与认证机构共同颁发产品碳标签证书。

3.4.3 碳资产技术管理

对企业经碳排放量核查识别出的重点排放源进行技术管理，有针对性地实施减排计划，如提高能源效率、技术改造、燃料转换和新技术应用等。具体的方式有以下几种：

1. 使用合同能源管理模式节能降耗

合同能耗管理是指企业与专业的节能服务公司通过签订合同，实施节能改造。合同内容一般包括用能诊断、项目设计、项目融资、设备采购、工程施工、设备安装调试、人员培训、节能量确认和保证等。这些模式将节能技术改造的一部分甚至大部分风险转移给了节能服务公司。

对企业而言，将节能改造外包给专业的节能服务公司，可以解决前期技术改造升级所需的技术调研、设备采购、资金筹措、项目实施等关键问题。这种模式特别适合缺少专业人才和资金的中小企业。对于资金充裕、技术能力强的大企业，也可能因为节能项目风险责任的转移而获得更为实在的效果。

2. 享受国家低碳政策红利

目前各大银行基本都建立了向节能低排放用户倾斜的“绿色信贷机制”，很多银行还实行了“环保一票否决制”，为低排放节能的企业提供贷款扶持，同时促进高耗能、高排放的行业实现低碳转型。

同时，国家也出台了一系列税收优惠，扶持企业节能减排和技术改造。比如，国家对企业从事符合条件的环境保护、节能节水项目给予企业所得税减免所得额优惠。对企业购置用于环境保护、节能节水、安全生产等专业设备的，可以按一定比例实施税额抵免。

3. 申请课题资助，助力低碳技术研发和项目投资

国家为了加速低碳技术研发，也配套了各种资金，如中国清洁发展机制基金（简称清洁基金）。清洁基金是由国家批准设立的政策性基金，按照市场化模式进行管理。清洁基金将通过有偿使用和理财获取合理收益，以做到保本微利，实现可持续发展。清洁基金的使用分为赠款和有偿使用等方式。赠款可用于应对气候变化的政策研究、能力建设和提高公众意识的相关活动；有偿使用的清洁基金可用于有利于产生应对气候变化效益的产业活动。

上述政策和资金等利好措施可使企业在实现节能减排的同时，获得低息贷款或技术支持，在获得外界最大帮助的同时，减少企业的实际支出。

3.4.4 碳资产交易管理

2013 年以后我国企业参与的碳资产交易有两类：第一类是参与全国碳排放权交易市场；第二类是参与自愿减排项目碳交易。涉及的碳资产交易管理主要有以下方面：

1. 碳价影响因素分析

影响碳价的因素可分为长期、中期和短期三大类型。长期因素包括国际气候谈判进展、国内政策预期、MRV 机制以及交易规则等；中期因素主要包括配额总量、配额分配方案，区域、行业、企业缺口，现货及衍生品价格、履约机制等；短期因素主要包括抵消政策、投资机构行为和企业管理行为等。

在分析碳价影响因素的过程中，要特别注意相关政策分析及碳价预警。比如，基于行业配额分配方案，实施产量计划预测及单位碳排放强度核算，对配额盈缺情况进行预估。同时还要结合区域配额分配方案，综合最新的政策动态，判断碳市场价格走势，并结合碳市场操作做出相应的反馈预警。

2. 碳交易过程管理

碳交易过程管理的目的是在加强监管与风险防控的同时，保证交易流程具有一定的灵活性。

与我国企业密切相关的三个系统是指 MRV 系统、注册登记簿系统及交易系统。MRV 系统是碳交易的核心制度，是最终核实企业排放、确定配额总量和核定企业履约的基础。MRV 系统遵循“谁排放谁负责”的原则，由控排企业自行监测，自下而上向试点管理者报告，排放数据最终还会由第三方核证机构核实。交易系统是企业进行协议议价与定价转让的平台。注册登记簿系统是企业实现配额获取和履约的平台。

碳交易过程管理主要包括以下内容：

1）明确碳配额及 CCER 交易程序与交易规则。

2）制定碳配额及 CCER 卖出和买入交易工作程序。

3）制定碳配额及 CCER 场内与场外交易工作程序。

4）基于企业配额盈缺分析及碳排放权交易市场分析制定交易方案。

5）制订交易资金审批程序及交易资金计划。

6）制定交易资金风险防控制度。

3. 碳交易过程管理中的风险控制

碳交易过程管理中的风险控制是碳交易能否实现企业碳资产保值与增值的重要工作，主要涉及信用风险、政策风险、流动性风险和市场风险等层面。

（1）信用风险层面

碳交易涉及多个层面与控排交易企业的沟通与交流，企业信用非常重要。如果对企业的信用无法判断或者判断失误，尤其是采取没有第三方担保的协议托管，则容易出现碳资产管理机构到期不能及时返还配额或者不能支付承诺收益的情况。

（2）政策风险层面

碳交易过程中涉及政策的不断调整，稍有疏忽便会与政策要求不符，派生出政策风险。

（3）流动性风险层面

我国碳市场的流动性不足，市场换手率低，交投清淡时持有买单可能找不到交易对手。尤其对于金额较大的买单而言，即使最终交易成功，也会对市场价格产生较大的影响，拉高购买方成本。

（4）市场风险层面

由于多种因素会影响碳市场的价格与碳资产需求量，因此，碳交易管理中需要承受碳市场波动带来的对未来收益的不确定性。

第4章 碳排放权交易体系的制度设计与主要内容

4.1 全国碳排放权交易体系的制度设计

4.1.1 清洁发展机制是我国开展碳交易机制的基础

我国最初在 2005 年 2 月《京都议定书》正式生效后，以开发项目和出售核证减排量（CER）的方式参与了国际碳市场。当时我国通过参与清洁发展机制（CDM）的方式培养国内从事碳市场交易的人才，并从中取得了良好的收益。在这期间我国开发的 CDM 项目严格遵守《联合国气候变化框架公约》（UNFCCC）执行理事会（Executive Board）所制定的准则和办法。CDM 是我国发展碳市场的起点，开展 CDM 也为我国培养了大批运用市场化和金融手段实施温室气体减排的优秀人才。CDM 是基于项目的市场化减排方法，买方是《京都议定书》附件一国家（主要是发达国家），卖方是没有减排义务的发展中国家。碳减排要经过检测和核准，最后确定项目总排放量。

我国是《京都议定书》履约期间全球最大的 CDM 供应国（约占全球 CDM 总供应量的 60%以上），为《京都议定书》附件一国家完成第一承诺期减排做出了重要贡献。由于具备减排规模大、减排成本低、CDM 质量比较高的特点，我国开发出来的 CDM 项目曾经一度受到国际买家的青睐。但是 2012 年以后，由于《京都议定书》履约期的持续问题及国际社会政治环境的变化，我国 CDM 项目的开发和签发逐步趋于停滞。我国核证减排量的签发量（单位 tCO_2e）及全球占比如图 4-1 所示。

我国通过开发 CDM 项目，在短期内显著提高了全国应对气候变化的意识和能力。以 CDM 项目收入为基础成立的中国清洁发展机制基金，对我国碳市场的发展起到了支撑作用。同时，CDM 的制度框架、严格的审核流程、方法学和技术文件为我国碳市场的制度设计提供了支持和参考。

4.1.2 七省市碳排放权交易试点

2011 年起我国开始探索建立国内的碳市场，并在北京、天津、上海、重庆、湖北、广东和深圳“两省五市”开展试点工作。此后，福建作为我国首个生态文明试验省启动了省内碳市场，四川则申请在四川联合环境交易所开展 CCER 交易。以下介绍七省市碳排放权交易试点的具体情况。

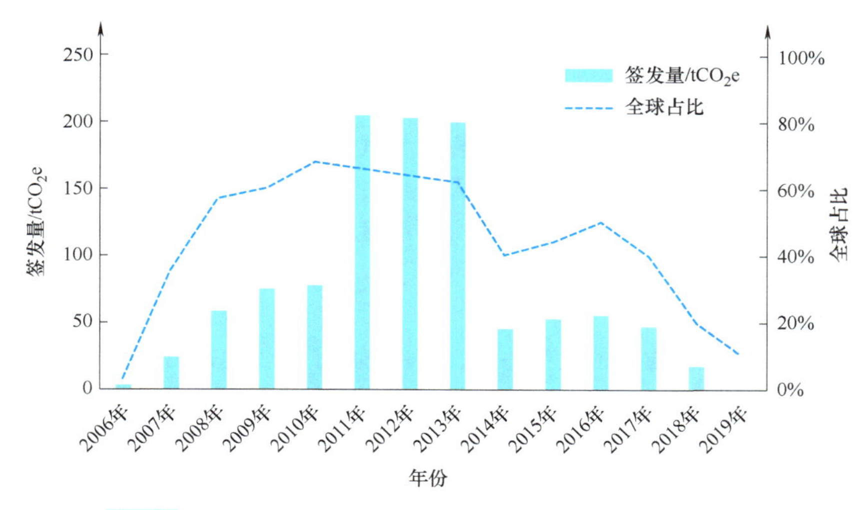

图 4-1　我国核证减排量的签发量（单位：tCO_2e）及全球占比

1. 深圳试点

深圳试点是我国最早形成体系健全的碳交易政策法规试点，其法律体系建设遵循“整体规划，分步实施”的原则，率先制定框架文件，随后逐步完善各环节规范性文件的制定，保证立法机制紧跟市场发展需求，为市场创造严格公正的法律环境。

2012 年 10 月深圳市人民代表大会常务委员会通过的《深圳经济特区碳排放管理若干规定》是我国国内首部确立碳排放权交易专门规范碳排放管理和碳交易的地方性法律法规，并被全球立法者联盟评为当年全球气候变化立法的九大亮点之一。该规定对深圳的碳交易试点工作做出了纲领性和概括性规定。2014 年 3 月，深圳市政府审议通过了《深圳市碳排放权交易管理暂行办法》，细化和明确了深圳碳交易试点总量控制管理制度、配额管理制度、碳排放报告和核查制度、抵消制度、工业增加值核算制度及惩罚和监管制度等，成为我国碳交易试点立法中最为详细和周密的政府规章。

2. 上海试点

上海碳交易政策法规体系按照发布主体分为三个部分：

第一部分是上海市政府发布的地方政府规章，包括《上海市人民政府关于本市开展碳排放交易试点工作的实施意见》（简称《实施意见》）和《上海市碳排放管理试行办法》。《实施意见》于 2012 年 7 月 3 日由上海市政府发布，明确了政府建立碳交易机制，协助企业减排的目标。于 2013 年 11 月 20 日公布的《上海市碳排放管理试行办法》对配额的管理和交易、排放的核查和清缴、市场监督保障等内容做出了相应的规定。

第二部分是上海市发展和改革委员会发布的规范性文件，包括《上海市温室气体排放核算与报告指南（试行）》《上海市 2013—2015 年碳排放配额分配和管理方案》《上海市碳排放核查第三方机构管理暂行办法》等。

第三部分是由上海环境能源交易所发布的对碳交易进行管理的相关细则，包括《上海环境能源交易所碳排放交易规则》《上海环境能源交易所碳排放交易会员管理办法（试行）》等。

3. 北京试点

2013 年 12 月，北京市人民代表大会通过了《北京市人民代表大会常务委员会关于北京市在严格控制碳排放总量前提下开展碳排放权交易试点工作的决定》，明确确立了试点立法文件的正式出台，成为继深圳后第二个出台人大立法文件的试点。该决定分别对实行碳排放总量控制、实施碳排放配额管理和碳排放权交易制度、实行碳排放报告和第三方核查制度、相关法律责任做出了原则性规定。

4. 广东试点

广东试点通过构建三大层级的政策法规，逐步形成了完善的市场法律支撑体系：

1）最高层级的纲领性文件以《广东省碳排放权交易试点工作实施方案》和《广东省碳排放管理试行办法》为主，以政府指导性文件的形式向社会公布。

2）第二层级包括统筹类的地方规章制度，如《广东省碳排放配额管理实施细则（试行）》《广东省企业碳排放信息报告与核查实施细则（试行）》《广东省碳排放权交易实施细则》等。

3）第三层级以具体的实施办法和技术标准为准，包括各行业的二氧化碳排放信息报告指南、《广东省企业碳排放核查规范（试行）》《广东省碳排放权配额首次分配及工作方案》等。

5. 天津试点

在碳排放权交易政策法规方面，天津试点的政策法规工作主要包括三个方面：

1）由天津市人民政府发布的政府指导性文件，包括《天津市碳排放权交易管理暂行办法》《天津市碳排放权交易试点工作实施方案》和《天津市发展和改革委员会关于开展碳排放权交易试点工作的通知》。这类政策文件在配额分配、排放测量报告与核查、注册登记、交易等多个领域制定了相关的规章制度。

2）天津发展和改革委员会在配额分配和管理、MRV、登记注册、市场交易等领域制定的相应规范文件，如《天津市企业碳排放报告编制的指南（试行）》《天津市碳排放权交易试点纳入企业碳排放配额分配方案（试行）》等。

3）天津碳排放权交易所针对交易所的管理发布的文件。

6. 湖北试点

2014 年 3 月，《湖北省碳排放权管理和交易暂行办法》正式出台，标志着湖北省碳交易试点法律基础基本成型。其内容涵盖了管理部门、总量设定、纳入标准、配额分配、交易规则、注册登记、MRV、履约与奖惩机制等多个要素。其后，包括湖北省质监局在内的各个相关部门制定了省级地方性文件《湖北省温室气体排放核查指南（试行）》和《湖北省工业企业温室气体排放监测、量化和报告指南（试行）》，为省内企业的核查提供了指导性建议。

7. 重庆试点

重庆试点作为最后启动的碳交易试点，其法律体系的建设得以借鉴之前各个试点的运行情况和体系建设经验。2014 年 5 月，重庆市以政府规章的形式出台了《重庆市碳排放权交易管理暂行办法》，对碳排放配额管理，碳排放核算、报告和核查，碳排放权交易、监管管理等内容进行了界定和规定。同年 6 月起，重庆市主管部门就碳市场的核查出台了大量细则文件和地方标准，包括《重庆市工业企业碳排放核算和报告指南（试行）》《重庆市工业企业碳排放核算、报告和核查细则》《重庆市企业碳排放核查工作规范》等，促使在市场建设初期打牢数据基础。

4.1.3　全国统一碳市场建设

从经济学理论来讲，市场要发挥核心的定价作用，仅仅在局部地区形成一个市场是不足够的，只有当市场足够大同时交易量也足够大，可以覆盖全国的时候，碳市场的定价作用才能够真正发挥出来。

全国统一
碳市场建设

2013 年，党的十八届三中全会通过了《中共中央关于全面深化改革若干重大问题的决定》，建设全国碳市场成为全面深化改革的重点任务之一，标志着全国碳市场设计工作正式启动。在国家发改委的组织和指导下，国家气候战略中心借鉴试点碳市场建设经验，开始进行全国碳市场制度的顶层设计和建设。世界银行“市场准备伙伴计划”（PMR）项目是支持全国碳市场制度顶层的最主要项目，研究内容包括覆盖范围、总量限定、配额分配、管理办法、监管机制、MRV、注册登记系统，以及央企及重点行业企业如何参与碳排放权交易等。

2017 年 12 月 8 日，国家发展和改革委员会（简称发改委）公布了《全国碳排放权交易市场建设方案（发电行业）》，将全国碳市场建设分为基础建设期、模拟运行期、深化完善期三个阶段。

1. 全国统一碳市场运行情况

我国于 2020 年 9 月 22 日提出“双碳”目标后，生态环境部于 2021 年 1 月发布了《碳排放权交易管理办法（试行）》，全国碳市场的第一履约期从 2021 年 2 月 1 日开始，到同年 12 月 31 日截止。2021 年 7 月 16 日，全国碳市场正式启动线上交易。首日交易配额 420 万 t，交易额 2.1 亿元，全国碳市场迎来了一个新高潮。

总体上说，全国碳市场平稳有序：

1）经过第一履约期，全国碳市场打通了各关键流程环节。

2）交易方式多样，交易价格稳中有升，初步发挥了碳价发现机制作用。全国碳市场采用协议转让方式，包括挂牌协议交易和大宗协议交易。

全国碳市场开盘价 48 元/t，到 2021 年 11 月跌至平均约 40 元/t，但从 2022 年 1 月开始成交价逐步回升，稳定在 50~60 元/t 之间。

3）第一履约期履约率基本达到预期。按照排放量计算，全国碳市场总体配额履约率为 99.5%。

4）碳排放数据质量问题得到高度重视。

2021 年 10 月，生态环境部印发《关于做好全国碳排放权交易市场数据质量监督管理工作的通知》；2022 年 12 月，发布《企业温室气体排放核算方法与报告指南发电设施》，强化数据质量控制计划要求。

2. 试点碳市场运行基本情况

(1) 交易总体情况

截至2022年12月31日，2022年内全国七个试点碳市场累计完成线上配额交易总量约3472.72万t，达成交易额约20.20亿元。从线上成交总量和成交总额来看，广东碳市场碳排放权交易量和交易额最高，湖北碳市场次之；重庆碳市场最低，北京碳市场碳排放权交易量仅高于重庆碳市场，但其成交总额远高于重庆碳市场，这主要是由于北京碳市场碳排放权交易价格较高。从成交均价来看，北京碳市场碳排放权交易价格最高，天津碳市场碳排放权交易价格最低。

此外，各试点碳市场成交均价较2021年均有所提升。2022年国内碳市场交易情况数据见表4-1。

表4-1　2022年国内碳市场交易情况数据

省市	总成交金额（亿元）	累计成交量（万t）	成交均价（元/t）
广东	10.3	1460.91	95.26
深圳	2.25	508.07	65.98
天津	1.87	545.24	40.16
北京	1.92	175.28	149
上海	0.9	152.31	63
湖北	2.69	573.35	61.89
重庆	0.3	75.91	49
福建	1.9	766.14	35

资料来源：第一财经研究院：https://www.cbnri.org/(2022年)

(2) 碳市场中的碳价情况

从各碳排放权交易试点交易所的年均碳价情况来看，北京碳价在2018年—2021年浮动最大，2020年价格达到顶峰，为86.42元/t，是各试点交易所的最高年均碳价；深圳交易所的碳价从2013年运营开始，整体价格持续走低；广东交易所2015年碳价下降幅度较大，随后逐渐恢复稳定，于2019年开始价格上升；湖北、天津碳价相对平稳。上述情况如图4-2所示。

(3) 碳交易活跃度与集中度

自2019年起，广东、天津、深圳、重庆碳市场线上交易总量呈现上升趋势，北京、上海、湖北碳市场线上交易总量呈现下降趋势。2022年北京、广东、深圳、重庆碳市场交易总量较2021年有所下降，其中广东碳市场下降幅度最大；天津、上海、湖北碳市场交易总量较2021年有所提升，其中，湖北碳市场提升幅度最大，约48.81%。2022年，除湖北碳市场交易集中度有所下降，其他试点碳市场交易集中度均有所提升，其中，天津碳市场交易集中度高达100%，上海、深圳、北京、重庆碳市场交易集中度均在90%以上。

(4) 履约情况

全国碳市场采用履约周期的方式，目前考核周期为两年。第一个履约周期的截止时间为2021年12月31日，要完成2019年和2020年的配额履约；第二个履约周期的截止时间为2023

年 12 月 31 日，要完成 2021 年和 2022 年的配额履约。全国碳市场第二个履约期的总体框架沿革了第一个履约期。在覆盖范围上，全国碳市场覆盖行业为电力行业，温室气体种类为二氧化碳；在总量设定上，继续采用基于强度的总量设定方案；在配额分配上，仍采用无偿分配方式；在交易机制上，交易产品仍为碳配额；在抵消机制上，规定重点排放单位每年可以使用国家核证自愿减排量抵消碳排放配额的清缴，抵消比例不得超过应清缴碳排放配额的 5%。

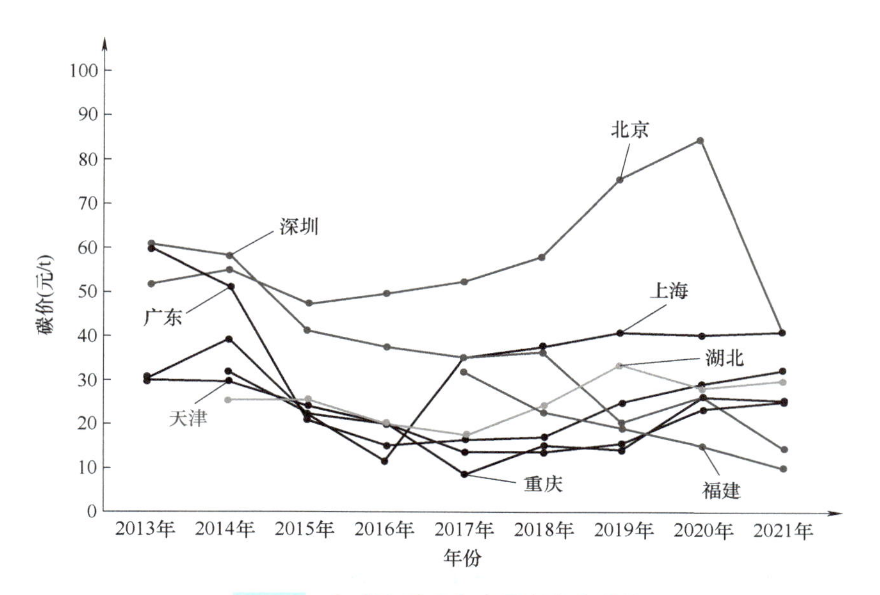

图 4-2　各碳交易试点交易所年均碳价

资料来源：Wind，第一财经研究院

4.2　全国碳排放权交易体系的主要内容

4.2.1　全国碳排放权交易政策体系

全国碳排放权交易政策体系分为顶层设计文件、配套细则与技术规范三部分。

顶层设计文件主要解决政府及参与主体在权利、责任和义务方面的法律问题；配套细则主要从各个要素层面解决碳排放权交易相关方的法律问题；技术规范则规定了相关方参与碳排放权交易的行为标准与规范。全国碳排放权交易政策体系涉及的法律法规及系统支持如图 4-3所示。

生态环境部出台了相关细则、工作通知、技术规范予以规定，包括政府管理办法、行业技术指南、政府工作通知、支撑机构工作说明等。

在数据监测、报告、核查方面，国家发改委于 2013 年—2015 年分三批先后公布了 24 个行业企业温室气体排放核算方法与报告指南。这些核算指南为全国碳排放权交易市场提供了数据核算方面的统一技术标准。

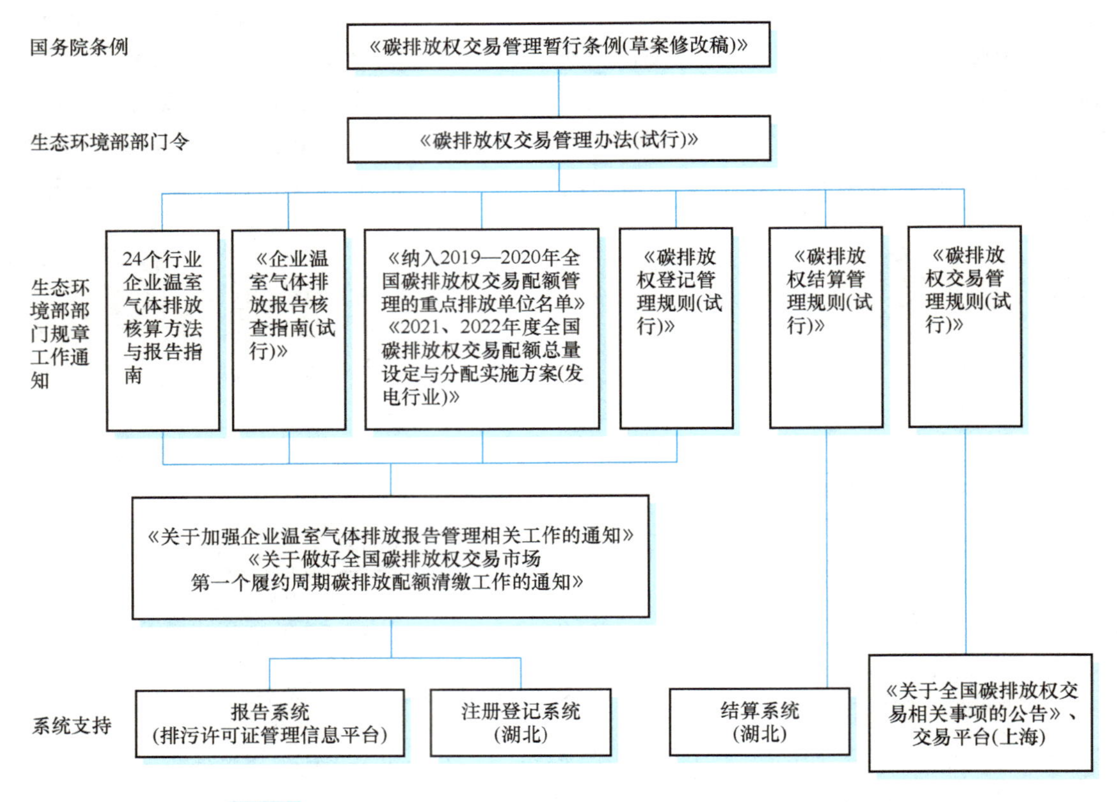

图 4-3 全国碳排放权交易政策体系涉及的法律法规及系统支持

在覆盖范围方面，企业按照年度数据报告核查工作通知的要求，确定自己是否需要报告碳排放数据并开展核查。

在配额总量设定、分配和履约方面，国家发改委 2016 年制定了《全国碳排放权交易配额总量设定与分配方案》，为后续的配额分配方法提供了指导。

注册登记系统是碳配额管理的工具。生态环境部 2021 年 5 月发布了《碳排放权登记管理规则（试行）》，对注册登记系统的建设运行提供指导，牵头承建注册登记系统的湖北碳排放权交易中心编写了注册登记系统的操作手册和使用指南。

碳排放权注册登记系统是为各类市场主体提供碳排放配额法定确权登记、结算和注销服务，实现配额分配、清缴及履约等业务管理的电子系统。总体来说，注册登记系统是统一存放全国碳市场中碳资产和资金的“仓库”，通过制定注册登记相关制度及其配套业务管理细则，对注册登记系统及其管理机构实施监管。注册登记系统使用用户包括各级主管部门、登记结算管理机构及重点排放单位等市场参与主体。系统用户实行分级管理，分为管理层和市场参与层。面对不同类型的用户，注册登记系统提供不同的功能。

在交易结算方面，生态环境部于 2021 年 5 月发布的《碳排放权交易管理规则（试行）》明确了主管部门、交易所、控排企业及其他交易参与者等各相关方的权责。上海环境能源交易所牵头承建全国碳排放权交易平台，发布了《关于全国碳排放权交易相关事项的公告》，明确了交易的具体组织方式，并编写了交易系统的操作手册和使用指南。

4.2.2　全国碳市场的覆盖范围

我国制定全国碳市场覆盖范围的原则是“抓大放小，先易后难”。初期先纳入碳排放量大、数据基础好的行业，纳入门槛设置稍高，以调动大型企业的积极性，发挥其在碳市场建设中的引领作用。通过建立碳排放权交易主管部门与大型企业及其管理部门之间的互动管理机制，可以更好地利用大型企业的资金、技术和管理等优势进行推广。同时，不断加强未纳入行业企业的数据基础建设，分批扩大碳市场覆盖范围，有计划地将未纳入履约的企业纳入报告范围。后面随着碳市场运行的成熟和碳排放报告数据的积累，遵循“成熟一个，纳入一个”的原则，分阶段逐步扩大管控范围，并适当降低纳入门槛，增加碳市场参与主体数量，助力实现更大范围的低成本减排。

我国能源管理习惯以年综合能耗 1 万 t 标准煤作为重点能耗管理企业的门槛。在我国能源消费结构下，1 万 t 标准煤燃烧后约产生 2.66~2.72 万 tCO_2，这也成为全国碳市场的纳入门槛。

根据生态环境部 2021 年 3 月发布的《关于加强企业温室气体排放报告管理相关工作的通知》，发电、石化、化工、建材、钢铁、有色、造纸、航空等重点排放行业 2013 年—2020 年任一年度温室气体排放量达 2.6 万 tCO_2e（综合能源消费量约 1 万 t 标准煤）及以上的企业或其他经济组织（简称重点排放单位），均需报告经过核查的温室气体排放量。如果 2018 年以来连续两年温室气体排放量未达到 2.6 万 tCO_2e，或者因停业、关闭或其他原因不再从事生产经营活动，因而不再排放温室气体的，不纳入数据报告核查工作范围。

全国碳市场碳排放报告覆盖行业及代码见表 4-2。据统计，符合以上标准的企业数量超过 7000 家，年碳排放量达到 60 亿~70 亿 t，占我国能源消费碳排放比例超过 60%。

表 4-2　全国碳市场碳排放报告覆盖行业及代码

行业	国民经济行业分类代码（GB/T 4754—2017）	类别名称	主营产品统计代码	行业子类
发电	44	电力、热力生产和供应业		
	4411	火力发电		
	4412	热电联产		
	4417	生物质能发电		
建材	30	非金属矿物制品业	31	非金属矿物制品
	3011	水泥制造	310101	水泥熟料
	3041	平板玻璃制造	311101	平板玻璃
钢铁	31	黑色金属冶炼和压延加工业	32	黑色金属冶炼及压延产品
	3110	炼铁	3201	生铁
	3120	炼钢	3206	粗钢
	3130	钢压延加工	3207 3208	轧制、锻造钢坯、钢材
有色	32	有色金属冶炼和压延加工业	33	有色金属冶炼和压延加工产品
	3211	铜冶炼	3311	铜
	3216	铝冶炼	3316039900	电解铝

（续）

行业	国民经济行业分类代码（GB/T 4754—2017）	类别名称	主营产品统计代码	行业子类
石化	25	石油、煤炭及其他燃料加工业	25	石油加工、炼焦及核燃料
	2511	原油加工及石油制品制造	2501	原油加工
化工	26	化学原料和化学制品制造业	26	化学原料及化学制品
	261	基础化学原料制造		
			2601	无机基础化学原料
	2611	无机酸制造	260101 2601010201	无机酸类 硝酸
	2612	无机碱制造	260105 260106 260107	烧碱 纯碱类 金属氢氧化物
	2613	无机盐制造	260108-260122 2601220101	其他无机基础化学原料 电石
	2614	有机化学原料制造	2602 2602010201 2602061700	有机化学原料 乙烯 一氯甲烷
	2619	其他基础化学原料制造	260209 2602090101	无环醇及其衍生物 甲醇
	262	肥料制造	2604 260401	化学肥料 氨及氨水
	2621	氮肥制造	260411	氮肥（折含氮 100%）
	2622	磷肥制造	260412	磷肥（折五氧化二磷 100%）
	2623	钾肥制造	260413	钾肥（折氯化钾 100%）
	2624	复混肥料制造	260422	复合肥、复混合肥
	2625	有机肥料及微生物肥料制造	2605	有机肥料及微生物肥料
	2629	其他肥料制造		
	263	农药制造		
	2631	化学农药制造	2606	化学农药
	2632	生物化学农药及微生物农药制造	2607	生物农药及微生物农药
	265	合成材料制造	2613	合成材料
	2651	初级形态塑料及合成树脂制造	261301	初级形态塑料
	2652	合成橡胶制造	261302	合成橡胶
	2653	合成纤维（聚合）体制造	261303 261304	合成纤维单体 合成纤维聚合物
	2659	其他合成材料制造		2613 中其他类

（续）

行业	国民经济行业分类代码（GB/T 4754—2017）	类别名称	主营产品统计代码	行业子类
造纸	22	造纸和纸制品业	22	纸及纸制品
	2211	木竹浆制造	2201	纸浆
	2212	非木竹浆制造	2201	纸浆
	2221	机制纸及纸板制造	2202	机制纸和纸板
民航	56	航空运输业	55	航空运输服务
	5611	航空旅客运输	550101	航空旅客运输服务
	5612	航空货物运输	550102	航空货物运输服务
	5631	机场	550301	机场服务

注：1. 掺烧化石燃料燃烧的生物质能发电企业需报送，纯使用生物质能发电的企业不需报送。
2. 乙烯生产企业的温室气体排放数据核算和报告应按照《中国石油化工企业温室气体排放核算方法和报告指南（试行）》中的要求执行。

与国际碳排放权交易普遍只管控直接排放不同，我国各碳排放权交易试点及全国碳市场均将间接排放纳入了交易机制中的碳排放核算和管控体系。原因在于我国电力市场价格主要由政府主导，电力市场化改革尚未完成，被纳入碳市场的电力行业无法把成本转移至下游用电企业。因此，将企业用电的间接排放计入其实际排放，有助于从消费端进行减排。

我国重点控制的八大行业是石化、化工、建材、钢铁、有色、造纸、电力和航空。这八大行业的碳排放管理将纳入全国碳市场中。之所以将以上八大行业的碳排放纳入全国碳市场中，是因为从目前这八大行业的配额分配估算来看，碳排放量将近 50 亿 t，约占全国全口径碳排放量的 50%，排放量巨大。

发电行业是我国首批开展配额分配、交易及配额清缴的行业。将发电行业纳入首批开展配额分配、交易及配额清缴的行业，一方面是因为来自发电行业的排放量约占排放总量的 44.4%（2022 年），位居行业第一，另一方面是因为在电力行业中开展碳排放的计量与核算较其他行业简单一些。

4.3　全国碳市场配额总量的确定及配额分配方法

4.3.1　配额分配原则

配额分配包括免费分配和有偿分配两种。通常初始碳配额是免费分配的，而免费分配碳配额的方法有基准线法和历史强度法。此处的基准线指的是该行业的基准线。根据国家发改委 2016 年发布的《关于切实做好全国碳排放权交易市场启动重点工作的通知》（发改办气候〔2016〕57 号），全国碳市场在启动初期，采用行业基准线法和历史数据法（历史强度法和历史排放总量法）免费分配配额。之后适时引入有偿分配，待市场机制完善后提升有偿分配的比例。我国采用的是“自下向上”（Bottom to Up）的方式，先确定行业分配方法，再确定市场配额总量。针对具体行业，政府只控制单位产品的碳排放强度，不事先限制企业的实际产量和总排放量。

1. 免费分配

（1）行业基准线法

行业基准线法也称为标杆法，是指每个行业单位实物产出 CO_2 排放的先进值。具体由国家主管部门根据企业历史碳排放量核查的数据，结合纳入碳排放权交易的行业单位碳排放产出水平的变化趋势及产业发展情况等因素统一确定。行业基准线法对历史数据质量的要求较高，一般根据重点排放单位的实物产出量（活动水平）、所属行业基准、年度减排系数和调整系数四个要素计算重点排放单位配额。行业基准线法有利于激励技术水平高、碳排放强度低的先进企业。凡是在基准线以上的企业，生产得越多，配额的富余就越多，就可以通过碳市场获取更多利益；相反，经营管理欠佳、技术装备水平低的企业，若是多生产，就会带来更多的配额购买负担。

行业基准线的计算公式如下：

$$单位配额=行业基准线\times实物产出量 \tag{4-1}$$

其中，实物产出量依据企业当年实际数据确定。

（2）历史数据法

历史数据法有历史强度法和历史排放总量法两种。

1）历史强度法。历史强度法是指根据排放单位的产品产量、历史碳排放强度值、减排系数等为其分配配额的一种方法。市场主体获得的配额总量以其历史数据为基础，根据排放单位的实物产出量（活动水平）、历史碳排放强度值、年度减排系数和调整系数四个要素计算。该方法是在碳市场建设初期，行业和产品标杆数据缺乏的情况下确定碳排放配额的过渡性方法。

历史强度法的计算公式如下：

$$单位配额=历史强度值\times减排系数\times实物产出量 \tag{4-2}$$

其中，历史强度值可通过历史资料查得；减排系数是每个行业的减排力度，具体由国家主管部门根据企业历史碳排放盘查数据，结合纳入碳排放权交易的行业单位碳排放产出水平变化趋势和产业发展情况等因素统一确定；实物产出量依据企业当年实际数据确定。

对不适用行业基准线法和历史强度法的重点排放单位，采用其他方法进行免费配额分配。

在采用行业基准线法或历史强度法进行分配时，采用的实物产出量为企业当年的实际产出量。也就是说，碳市场并不限制企业的生产量和新增产量，仅针对企业单位产品的排放强度提出减排要求，产量越高，配额总量就越多。只要企业排放强度低于基准线要求，或者低于历史强度下降率要求，则产量越高，剩余配额就越多。如果企业在增加产量中的能源消耗全部采用可再生能源或者新能源，则化石燃料消耗就会大幅下降，这样即可满足增产和碳减排的需求。

2）历史排放总量法。历史排放总量法也称为“祖父法”，是不考虑排放对象的产品产量，只根据历史排放值分配配额的一种方法，以纳入配额管理的对象在过去一定年度的碳排放数据为主要依据，确定其未来年度碳排放配额。这种方法有可能保护高排放高耗能产业，但不利于扶植新兴节能产业的发展。

2. 有偿分配

配额的有偿分配方法有两种：有偿竞买和固定价格出售。

（1）有偿竞买

有偿竞买是指政府主管部门通过公开或者密封竞价的方式将碳排放配额分配给出价最高的买方。碳排放配额有偿竞买是一种同质拍卖，即竞拍者对同一种商品（配额）在不同的价格水平上提出购买意愿，最终以某种机制确定成交价格。配额有偿竞买的来源主要是除免费配额之外的部分及储备配额。

（2）固定价格出售

固定价格出售是政府主管部门综合考虑温室气体排放活动的外部成本、温室气体减排的平均成本、行业企业的减排潜力、温室气体减排目标、经济和社会发展规划及碳排放权交易的行政成本等因素，制定碳排放配额的价格并公开出售给纳入碳排放权交易体系的控排主体。

有关的配额分配方法如图 4-4 所示。

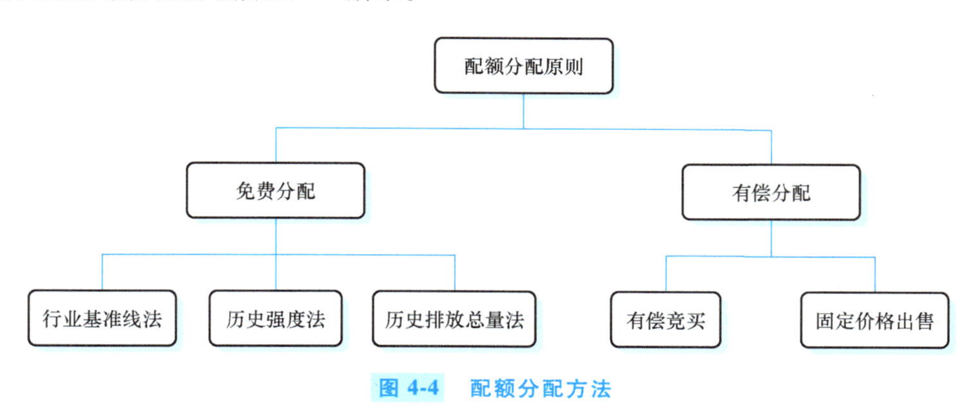

图 4-4 配额分配方法

4.3.2 全国碳市场配额总量的确定

根据国家发改委 2016 年发布的《关于切实做好全国碳排放权交易市场启动重点工作的通知》，碳排放配额总量是纳入全国碳市场企业的排放上限，主要由碳市场覆盖范围、经济增长预期和控制温室气体排放目标等因素共同决定。具体按照自下向上的方式设定，由各省级碳排放权交易主管部门按照统一配额分配方法分别核算出所辖区域内重点排放单位的配额数量，加总作为形成全国碳排放权交易配额总量的主要依据。

生态环境部 2020 年 12 月发布的《2019—2020 年全国碳排放权交易配额总量设定与分配实施方案（发电行业）》细化了总量设定方法。省级生态环境主管部门根据本辖区内重点排放单位 2019 年—2020 年的实际产出量及该方案确定的配额分配方法和碳排放基准值，核定出各重点排放单位的配额数量。将核定后的本辖区内各重点排放单位配额数量进行加总，形成省级形成区域配额总量；再将各省级行政区域配额总量加总，最终确定全国配额总量。

4.3.3 几大行业的碳配额分配

1. 电力（含热电联产）行业

我国电力行业的配额分配采用行业基准线法，根据发电机组的类型，采用三种基准值划分方案，并进行对比分析：

方案Ⅰ：11类机组，包括超超临界1000MW、超超临界600MW级、超临界600MW级、超临界300MW级、亚临界600MW级、亚临界300MW级、超高压300MW以下、循环流化床300MW级、循环流化床300MW级以下、燃气机组F级、燃气机组F级以下等。

方案Ⅱ：四类机组，包括300MW等级以上常规燃煤机组、非常规燃煤机组（含循环流化床机组）及燃气机组。

方案Ⅲ：三类机组，包括常规燃煤机组、非常规燃煤机组（含循环流化床机组）和燃气机组。

（1）免费配额量计算方法

免费配额量计算公式如下：

$$A=A_e+A_h \tag{4-3}$$

式中 A——机组配额总量（tCO_2）；

A_e——机组供电配额量（tCO_2）；

A_h——机组供热配额量（tCO_2）。

其中，机组供电配额计算方法如下：

$$A_e=Q_e \times B_e \times F_l \times F_r \tag{4-4}$$

式中 Q_e——机组供电量（MW·h）；

B_e——机组所属类别的供电排放基准值［tCO_2/(MW·h)］；

F_l——机组冷却方式修正系数，对于燃煤机组，如果凝汽器的冷却方式是水冷，则机组冷却方式修正系数为1；如果凝汽器的冷却方式是空冷，则机组冷却方式修正系数为1.05；燃气机组冷却方式修正系数为1；

F_r——机组供热量修正系数，燃煤机组供热量修正系数为1-0.23×供热比；燃气机组为1-0.6×供热比。

（2）机组供热CO_2配额计算

机组供热CO_2配额计算如下：

$$A_h=Q_h \times B_h \tag{4-5}$$

式中 Q_h——机组供热量（GJ）；

B_h——机组所属类别的供热排放基准值（tCO_2/GJ）。

从鼓励技术进步和促进电源结构优化的角度看，行业基准值越小越好。但行业基准值过小，会对规模小、能效低的发电机组产生较大的冲击，甚至会导致小企业破产。在综合考虑行业技术进步、电源低碳转型和对落后机组经济效益影响的基础上，行业专家建议采用方案Ⅱ，即4条行业基准值进行发电行业的配额分配，并通过以下步骤确定基准值：

1）以发电行业2018年的行业平均值作为供电基准值。

2）对上述结果进行微调，使发电行业配额盈缺基本实现总体平衡。

3）在第 2）步计算结果的基础上，根据 2019 年单位供电 CO_2 排放量较 2018 年下降 0.22%的趋势，将所有供电基准值下调 0.22%，作为 2019 年及 2020 年发电行业基准值。

供热基准值以燃煤机组和燃气机组单位供热碳排放量的行业平均值分别作为燃煤和燃气机组的供热基准值。

2. 建材行业

建材行业的碳排放量占我国温室气体排放量的 13%左右，位居我国重点排放行业排放总量的第 3 位。

建材行业的碳排放来自非金属矿物制品业，非金属矿物制品业中包含的种类非常庞杂，主要有：水泥；玻璃及玻璃制品；非耐火制陶瓷制品，如绝缘体陶瓷、卫生陶瓷；耐火陶瓷，如瓷砖；黏土烧结砖、瓦及建筑用品；石材；磨料（金刚石）；石棉；石墨及碳素制品业和矿物纤维及其制品业。由于非金属矿物制品业中包含的品种很多，同时目前也没有很成熟的配额分配方法，因此本书只介绍水泥生产企业和平板玻璃生产企业的碳配额计算方法。

（1）水泥生产企业

对以水泥熟料生产为主营业务的企业法人，专家的建议是覆盖所有熟料生产工段及协同处置废弃物所导致的化石燃料燃烧、碳酸盐分解、电力消费和热力消费所对应的 CO_2 排放，并采用行业基准法进行配额分配。水泥行业配额分配的计算公式如下：

$$A=B\times Q\times f+W\times k \tag{4-6}$$

式中　A——企业 CO_2 配额总量（tCO_2）；

B——熟料生产工段 CO_2 排放基准值，熟料生产工段的排放基准值为 0.8647tCO_2/t 熟料，以后年份的基准值将在此基础上适时修订完善；

Q——企业熟料产量（t），是企业所有熟料生产工段的熟料产量之和；

f——企业使用电石渣原料时的配额系数，无量纲，专家建议企业使用电石渣原料时的配额系数根据电石渣质量占熟料产量的比例（10%～100%）进行取值，相应取值范围为 100%～45%；

W——企业协同处置废弃物的质量（干基）（t）；

k——企业协同处置单位质量废弃物的配额系数，无量纲；专家建议协同处置单位质量废弃物的配额系数值为 0.35tCO_2/t。

（2）平板玻璃生产企业

对以平板玻璃生产为主营业务的企业法人，专家建议覆盖所有平板玻璃熔窑化石燃料燃烧、电力消费和热力消费所对应的 CO_2 排放，并采用基准法进行配额分配。具体计算公式如下：

$$A=\sum_{i=1}^{n}(B_i\times Q_i) \tag{4-7}$$

式中　A——企业配额总量（tCO_2）；

B_i——平板玻璃熔窑排放基准值（tCO_2/万重箱）；专家建议既有熔窑排放基准值为 366tCO_2/万重箱，新增熔窑排放基准值为 329tCO_2/万重箱；

Q_i——平板玻璃产量（万重箱）；

n——平板玻璃熔窑总数。

3. 钢铁行业

对以粗钢生产为主营业务的钢铁企业，专家建议覆盖化石燃料燃烧、电力消费和热力消费所对应的 CO_2 排放，并采用历史碳排放强度下降法。具体计算公式如下：

$$A=B\times F_{m}\times Q \tag{4-8}$$

式中 A——企业配额总量（tCO_2）；

B——企业历史碳排放强度（tCO_2/t 粗钢）；

F_m——CO_2 减排系数，无量纲；

Q——粗钢产量（t）。

其中，企业历史碳排放强度专家建议取值为前三年碳排放强度的算术平均值，CO_2 减排系数为 97.6%。对于既有企业粗钢产量未增加但下游产业链延长的，地方相关主管部门可按照新增下游生产设施的 CO_2 排放量占企业履约边界内总排放量的比重，核增相应的配额。

4.3.4 碳排放量的监测、核算与核算范围

温室气体碳排放数据是碳排放权交易体系得以运行的基础。目前广泛使用的温室气体排放量化方法主要有两种，即连续监测方法和核算方法。连续监测方法通过直接测量烟气流速和烟气中的 CO_2 浓度来计算温室气体的排放量，主要通过连续排放监测系统（Continuous Emission Monitoring System，CEMS）来实现。核算方法是通过活动数据乘以排放因子或通过计算生产过程中的碳质量平衡来量化温室气体排放量。

1. 连续监测方法

连续监测方法也称为实测法，是基于排放源实测基础数据，汇总得到相关碳排放量。它又包括两种实测方法，即现场测量和非现场测量。现场测量一般是在烟气排放连续监测系统（CEMS）中搭载碳排放监测模块，通过连续监测浓度和流速直接测量其排放量；非现场测量是通过采集样品送到有关监测部门，利用专门的检测设备和技术进行定量分析。两者相比，由于非现场测量时采样气体会发生吸附反应、解离等问题，现场测量的准确性要明显高于非现场测量。

CEMS 主要包括气体取样和条件控制系统、气体监测和分析系统、数据采集和控制系统等。连续监测方法能够实时、自动地监测固定排放源温室气体排放量，无须对多种燃料类型的排放量进行区分和单独核算，具有数据显示直观、操作简便的特点。美国、欧洲和日本采用 CEMS 进行连续监测的方法已较为普及。

2. 核算方法

碳排放量的核算方法主要有两种：排放因子法和质量平衡法。

（1）排放因子法

排放因子法是一种适用范围广泛、应用普遍、计算简单的碳排放量核算方法。这种方法的缺点是与连续监测法和质量平衡法相比其准确度比较低。

排放因子法的计算公式如下：

$$CO_2\text{ 排放量}=\text{活动水平数据}\times\text{排放因子}\times\text{全球变暖潜势} \tag{4-9}$$

排放因子法适用于国家、省份、城市等较为宏观的核算层面，可以粗略地对特定区域的整体情况进行宏观把控。但在实际工作中，由于地区能源品质差异、机组燃烧效率不同等原因，各类能源消费统计及碳排放因子测度容易出现较大偏差，成为碳排放核算结果误差的主要来源。采用此种方法有可能导致计算出来的值出现不确定性。

（2） 质量平衡法

质量平衡法可以根据每年用于国家生产生活的新化学物质和设备，计算为满足新设备能力或替换去除气体而消耗的新化学物质份额。

采用基于具体设施和工艺流程的质量平衡法计算碳排放量，可以反映碳排放发生地的实际排放量，不仅能够区分各类设施之间的差异，还可以分辨单个和部分设备之间的区别。尤其是在年际设备不断更新的情况下，该方法更为简便。一般来说，对企业碳排放的主要核算方法为排放因子法，但在工业生产过程（如脱硫过程排放、化工生产企业过程排放等非化石燃料燃烧过程）中可视情况选择碳平衡法。

具体计算公式如下：

$$CO_2\text{ 排放量}=(\text{原料中的碳}-\text{产品中的碳}-\text{其他输出物中的碳})\times C\text{ 和 }CO_2\text{ 的转化系数} \tag{4-10}$$

以上三种方法的准确度比较如下：

连续监测方法>质量平衡法>排放因子法

3. 碳排放核算范围

计算碳排放核算范围有两种方法，分别是直接排放计算法和间接排放计算法。

（1） 直接排放计算法

直接排放是指组织或企业直接向大气中排放二氧化碳的行为。例如，企业在生产过程中所排放废气中的二氧化碳。这种碳排放范围相对容易核算。

（2） 间接排放计算法

间接排放是指组织或企业在提供产品或服务时所引起的间接碳排放。例如，组织或企业向供应商采购原材料、能源等，然后将其加工成最终产品向消费者销售。这种排放范围较难核算。

除了直接排放和间接排放外，还有一类是非直接排放。它是指组织或企业在提供产品或服务时所引起的非直接排放，例如，组织或企业员工的通勤、会议和商务旅行等。这种排放范围也较难核算，没有固定的计算方法，只能仿照类似问题进行估算。

现在许多企业已经开始关注其碳排放量，尤其是大型企业。因此，企业需要明确其碳排放范围，以保证数据的准确性。企业还需要在减少其碳排放方面发挥积极作用，想出各种可持续性方案，并不断进步。

4.4 碳市场中的 MRV 机制

MRV 是监测（Monitoring）、报告（Reporting）和核查（Verification）的英文首字母。监

测是指对温室气体排放或其他有关温室气体数据的连接性或周期性的评价；报告是指相关部门或机构提交有关温室气体排放的数据及相关文件；核查是指核查机构根据规定的核查准则对温室气体声明进行系统的、独立的评价，并形成文件的过程。碳排放量数据的准确性是碳排放权交易体系得以存在的基础，而碳排放的 MRV 机制是确保排放数据准确性的基础，因此碳市场声誉的核心和关键问题。只有健全的 MRV 机制才能确保温室气体排放数据的准确性和可靠性。

MRV 机制包括的关键内容有温室气体排放核算与报告指南、第三方核查体系和 MRV 流程等。

1. 温室气体排放核算与报告指南

国家发改委已经组织编写并公布了 3 批共 24 个行业的温室气体排放核算方法与报告指南（以下简称指南），具体见表 4-3。

表 4-3　温室气体排放核算方法与报告指南

发布时间/发文编号/指南数量	行业
2013 年 10 月 15 日/发改办气候〔2013〕2526 号/10 个	发电、电网、钢铁、化工、电解铝、镁冶炼、平板玻璃、水泥、陶瓷、民用航空
2014 年 12 月 3 日/发改办气候〔2014〕2920 号/4 个	石油和天然气、石油化工、独立焦化、煤炭
2015 年 7 月 6 日/发改办气候〔2015〕1722 号/10 个	造纸和纸制品生产，其他有色金属冶炼和压延加工，电子设备，机械设备，矿山，食品、烟草及酒、饮料和精制茶，公共建筑运营、陆上交通运输，氟化工，工业其他行业

24 个行业指南涉及的温室气体种类如下：24 个行业指南全部都核算二氧化碳（CO_2）的排放；6 个行业指南核算甲烷（CH_4）的排放；4 个行业指南核算全氟化碳（PFC_S）和六氟化硫（SF_6）的排放；3 个行业指南核算氢氟碳化物（HFC_s）的排放；2 个行业指南核算氧化亚氮（N_2O）的排放；只有 1 个行业指南核算三氟化氮（NF_3）的排放。

2. 第三方核查体系

由第三方机构开展的碳核查认证是保证碳排放核查结果真实性和可靠性的基础。排放企业自己提交的年度碳排放监测计划以及年度碳排放报告如果没有经过某个公正的具有资质的第三方核证机构进行审核并给出审核后的核查报告，则该排放企业提交的年度碳排放数据和碳排放报告就缺乏可靠性，继而会影响到碳价。

3. MRV 流程

MRV 的基本流程如图 4-5 所示。

从时间维度来说，MRV 每年（假定 MRV 周期为一年）的工作大致可以分为以下几个步骤：

1）排放企业根据管理机构的要求和自己提交的本年度监测计划，开展为期一年的排放监测工作。

第三方核查体系中的主要内容

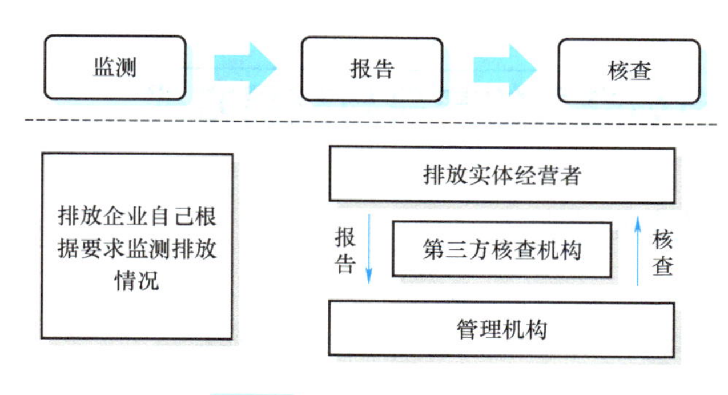

图 4-5　MRV 的基本流程

2）排放企业在每年规定的时间节点前向管理机构报告上一年度的排放情况，提交年度排放报告。

3）由独立的第三方核查机构对排放报告进行核查，并在规定的时间节点前出具核查报告。

4）管理机构对排放报告和核查报告进行审定，在规定的时间节点前确定上一年度的排放量。

5）排放企业在每年年底提交下一年度的排放监测计划，作为下一年度实施排放监测的依据，然后重复第一步的工作。

可以看出，MRV 工作必须由排放企业、管理机构和独立的第三方核查机构共同完成。管理机构颁发的各项法规制度是 MRV 体系的法律基础和制度基础。企业依据相关法规进行温室气体排放数据监测是后续进行温室气体排放报告的前提；企业的温室气体排放数据监测和报告又是第三方核查机构进行核查工作的基础；同时核查工作的开展又可以帮助企业完善和改进自身温室气体排放数据监测和报告。以上三者之间的关系如图 4-6 所示。

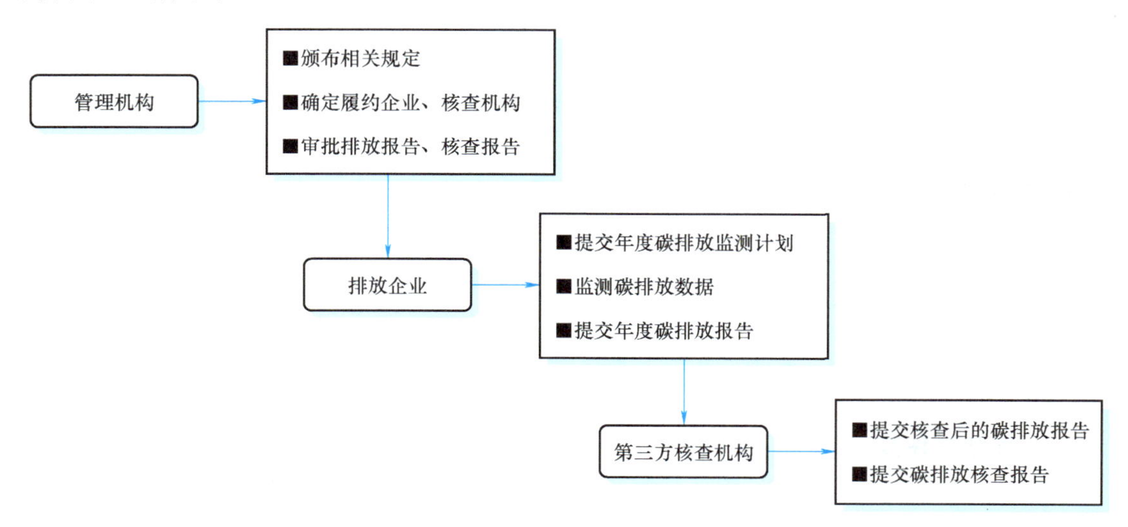

图 4-6　排放企业、管理机构和第三方核查机构之间的关系

4.5 全国碳市场交易的产品与交易方式

4.5.1 全国碳市场交易的产品

全国碳市场交易的产品是碳排放配额。在2019年—2020年碳配额交易履约周期内，地方试点配额、地方减排量等产品暂时不能在全国碳排放权交易市场上进行交易，也不能用于重点排放单位履约。CCER能够抵消企业排放量用于履约，但只能在七个试点及福建省、四川省的碳排放权交易所进行交易。

4.5.2 全国碳市场的交易方式

全国碳排放配额通过全国碳排放权交易系统进行，可以采取协议转让、单向竞价或其他符合规定的方式。其中，协议转让包括挂牌协议交易和大宗协议交易。

1. 挂牌协议交易

挂牌协议交易单笔买卖最大申报数量应当小于10万tCO_2e。交易主体查看实时挂单行情，以价格优先的原则，在对手实时最优5个价位内以对手方价格为成交价依次选择，提交申报完成交易。同一价位有多个挂牌申报的，交易主体可以选择任意对手完成交易。成交数量为意向方申报数量。

开盘价为当日挂牌协议交易第一笔成交价；当日无成交的，以上一个交易日收盘价为当日开盘价。收盘价为当日挂牌协议交易所有成交的加权平均价；当日无成交的，以上一个交易日的收盘价为当日收盘价。

2. 大宗协议交易

大宗协议交易单笔买卖最小申报数量应当不小于10万tCO_2e。交易主体可发起买卖申报，或者与已发起申报的交易对手进行对话议价或直接与对手方成交。交易双方就交易价格与交易数量等要素协商一致后确认成交。

大宗协议交易的成交价格在上一个交易日收盘价的±30%区间确定，受上一个交易日挂牌协议交易价格的影响。

3. 单向竞价

根据市场发展情况，交易系统目前提供单向竞买功能。交易主体向交易机构提出卖出申请，交易机构发布竞价公告，符合条件的意向受让方按照规定报价，在约定时间内通过交易系统成交。

交易机构根据主管部门要求，组织开展配额有偿发放，适用单向竞价的相关业务规定。单向竞价的相关业务规定和交易时段由交易机构另行公告。

4. 交易信息披露

交易机构应建立信息披露与管理制度，并报生态环境部备案。交易机构应当在每个交易日发布碳排放配额交易行情等公开信息，定期编制并发布反映市场成交情况的各类报表。交易机构可以调整信息发布的具体方式和内容。

4.6 碳市场交易的其他规定和机制

4.6.1 违规处罚

在碳排放权交易体系中规定适当的法律责任，可有效地提高重点排放单位的履约积极性，防范核查机构和其他责任主体的违法违规行为，同时也能充分体现政府控制碳排放的决心。

目前深圳和北京试点以人大立法的形式通过了规范碳排放和碳交易的法律；其他试点均以地方政府规章制度的形式出台了相关行政法规。

各个试点规定的法律责任主要有限期改正和罚款两类。

各个试点的管理办法主要是针对如下行为的法律责任做出规定：①重点排放单位虚报、瞒报或者拒绝履行排放报告义务；②重点排放单位不按规定提交核查报告；③重点排放单位未按规定履行配额清缴义务；④核查机构、交易机构、主管部门等不同主体的违法违规行为。

除天津、重庆试点之外，其他各个试点对重点排放单位规定的法律责任都较重（具体罚则和规定此处省略）。

4.6.2 履约机制

国家碳排放权交易履约实行两级管理：国务院生态环境主管部门负责碳排放权交易市场的建设，并对其运行进行管理、监督和指导；省级生态环境主管部门对本行政区域内的碳排放权交易相关活动进行管理、监督和指导。省级生态环境主管部门在国家政策框架下负责本行政区域内碳排放权交易相关活动的具体执行和管理，包括确定重点排放单位名单，确定配额分配方案并对重点排放单位进行配额免费分配和有偿分配，管理碳排放的报告和核查，管理重点排放单位的配额清缴，管理辖区内的交易情况等。

4.6.3 履约考核

履约考核是每个碳排放权交易履约周期的最后一个环节，也是最重要的一个环节。履约考核是确保排放权交易体系对排放企业具有约束力的基础，基本原理是将企业在履约周期末所上缴的履约工具（碳配额或减排信用）数量与其在该周期内经核查的排放量进行核对，若前者大于等于后者则被视为合规；若前者小于后者则被视为违规，要受到惩罚。未履约惩罚是确保碳排放权交易具有约束力的保证。例如，欧盟规定超标排放的企业要为每吨碳排放付出 100 欧元的代价，远高于欧盟碳配额的价格。

4.6.4 抵消机制

碳减排量认证是向实施经批准的减排或碳清除活动的行为者发放可交易的减排量的过程。碳市场允许这些碳减排量被用作“抵消”，并用于履约，以代替管控对象的配额去抵消其排放。为了使抵消可信，任何计入的减排量或清除量都必须是“额外的”。这意味着覆盖范围的排放源在碳市场总量以外的排放量，只能通过其他地方进行减排或封存来补偿。因此，只要碳减排量代表真正的、永久的和额外的减排，抵消就不会对总体排放结果产生净影响。

抵消信用额可能在两个主要方面有所不同：减排活动的地理范围和碳减排量认证机制的管理。碳减排量认证机制可能仅限于认证同一管辖区内的碳减排或清除活动，或者可能包括碳市场管辖区以外产生的抵消量。

第5章 温室气体排放量的核查

5.1 温室气体排放量核查概述

5.1.1 温室气体排放量核查的定义

温室气体排放量的核查是指在一定的空间和时间边界内，以政府、企业等为单位，计算其在社会和生产活动中各环节直接或间接排放的温室气体。

根据 ISO 14064-1 标准的界定，温室气体排放量的核查是指针对企业所有可能产生温室气体的来源，进行排放源清查与数据归集，以了解组织温室气体排放源及量化所归集的数据资讯。通过对企业生产经营活动过程中所有温室气体的排放源进行全面的盘查，按照统一的量化计算方法，计算企业在活动期内的温室气体排放总量，摸清企业各单元的碳排放结构、种类及数量等基本情况，最终形成各企业的《温室气体盘查综合控制程序》《温室气体盘查表》及《温室气体盘查报告书》三份温室气体排放量的核查文件，为企业绿色低碳发展打下基础。

5.1.2 温室气体排放量核查的原因

温室气体排放量核查的原因可以从政府、企业和金融机构三个层面来分析。

1. 政府层面

按照《联合国气候变化框架公约》（UNFCCC）的要求，所有国家需要提交国家信息通报，其中包括温室气体“排放清单（Emission Inventory）”。中国是《联合国气候变化框架公约》（UNFCCC）首批缔约方之一，高度重视所承担的国际义务，截至 2023 年 12 月已四次提交国家信息通报。国家信息通报的核心内容是 CO_2、CH_4 和 N_2O 三种温室气体各种排放源和吸收汇的国家清单（即国家层面温室气体排放量的核查），以及为履约采取或将要采取的步骤。

2. 企业层面

企业是国家温室气体统计和核算体系的基础，也是其中重要的一环，尤其是高排放企业更有责任和义务按照国家政策的要求对自身的温室气体排放进行盘查。可以说，企业做好温室气体排放量的核查工作，是政府完成低碳节能目标的重要抓手。企业进行温室气体排放量核查的原因主要包括：遵守国内外法规；满足国内外客户碳排放披露的要求；利于企业制定针对性的节能减排措施，减少成本，同时为参与碳交易、化被动为主动、获取潜在经济收益奠定基础；有效地提升企业形象和信任度，赢得投资者和消费者的信赖。

3. 金融机构层面

对于银行和投资者而言，关注气候变化的风险意识逐渐增强，越来越关注企业在应对温室气体管理和气候变化方面应该采取的措施，并关注这些措施可能带来的财务影响。对那些温室气体排放信息披露及减排规划做得比较好的企业，投资者会认为该企业将碳减排纳入其长期战略规划和运行系统的一种“承诺”，从而形成竞争优势，使其更有利于得到银行和投资者的青睐。

5.1.3 温室气体排放量的核查原则与标准

1. 核查原则

温室气体排放量的核查是一项技术性较强的工作，应遵循一系列标准方法和原则。如为确保温室气体信息的公平和真实，应遵循相关性、完整性、一致性、准确性和透明度五项原则，作为实施 ISO 14064-1 标准的基本准则。具体包括以下几个方面：

1）相关性。选择适合预期使用者需求的温室气体源、温室气体汇、温室气体储存库、数据及方法。

2）完整性。纳入所有相关温室气体排放与移除。

3）一致性。使温室气体相关信息做有意义的比较。

4）准确性。尽可能依据实务减少偏差与不确定性。

5）透明性。揭露信息充分且适当，使第三者查证可以得到相同结果。

2. 核查标准

目前，国际通行的温室气体排放量的核查标准主要包括世界资源研究所（WRI）和世界可持续发展工商理事会（WBCSD）发布的《温室气体议定书企业准则》(GHG Protocol)、国际标准化组织（ISO）颁布的 ISO 14064 系列标准及英国标准协会颁布的 PAS 2050 标准等。徐苗等学者在《碳资产管理》一书中提到，目前和未来的规范标准中，ISO 14064-1《温室气体　第一部分：组织层次上对温室气体排放和清除的量化和报告的规范及指南》服务于第一阶段；PAS 2050《商品和服务在生命周期内的温室气体排放评价规范》、ISO 14067《温室气体　产品碳足迹　量化要求和指南》、制定中的《产品温室气体效应协议》（Product GHG Protocol）及产品生命周期分析标准 ISO 14040《环境管理　生命周期评价　原则与框架》、ISO 14044《环境管理　生命周期评价　要求与指南》服务于第二阶段；ISO 14064-2《温室气体　第二部分：项目层次上对温室气体减排和清除增加的量化、监测和报告的规范及指南》、PAS 2060《碳中和证明规范》服务于第三阶段。当前，顺应低碳化思潮、应对低碳经济的来临，企业或组织要从最基础的工作——温室气体排放量的核查入手。各准则的具体信息如下：

1）《温室气体议定书企业准则》（GHG Protocol）。这是由世界资源研究所（WRI）和世界可持续发展工商理事会（WBCSD）自 1998 年起开始逐步制定的企业温室气体排放核算标准体系，主要由四个相互独立但又相互关联的标准组成。它并不是一个单一的核算体系，而是由一系列为企业、组织、项目等量化和报告温室气体排放情况服务的标准、指南和计算工具构成的。这些标准、指南、工具既相互独立，又相辅相成，是企业、组织、项目等核算与报告温室气体排放量的基础，以帮助全球达到发展低碳经济的目的。它能为企业或者减排项目提供温室气体核算的标准化方法，从而进一步降低核算成本；同时也为企业和组织参与自愿性或者强制性的碳减排项目提供基础数据及核算方法。温室气体核算体系是针对企业、组织或者减排项目进行温室气体核算的方法体系。体系的组成中最主要的是以下的三大标准：《温室气体核算体系：企业核算与报告标准（2011）》（简称《企业标准》）、《温室气体核算体系：产品寿命周期核算和报告标准（2011）》（简称《产品标准》）、《温室气体核算体系：企业价值链（范围三）核算与报告标准（2011）》。这三个标准主要针对的对象在细节上有一定的差异。

2）ISO 14064 温室气体核证标准。2006 年 3 月 1 日，ISO 发布了关于温室气体的排放标准 ISO 14064。作为一个温室气体的量化、报告与验证的实用工具，ISO 14064 应用于企业量化、报告和控制温室气体的排放和消除。由于增强了企业温室气体（GHG）排放数据的一致性和公开性，提高了可信度和透明度，企业和组织可以更加有效地管理与其温室气体资产或负债相关的风险。如今，ISO 14064 早已成为国际社会广泛认可的基础标准，成为许多机构和品牌产业供应链对供应商的风险评估标准。该标准包括温室气体计算和验证准则，为政府和工业界提供了一系列综合的程序方法，旨在减少温室气体排放和促进温室气体排放交易。该标准规定了国际上最好的温室气体资料和数据管理、汇报和验证模式。组织可以通过使用标准化的方法，计算和验证排放量数值，确保每吨二氧化碳排放量的测量方式在全球任何地方一致。这使排放声明不确定度的计算在全世界得到统一。该标准核算的温室气体种类包括二氧化碳（CO_2）、甲烷（CH_4）、氧化亚氮（N_2O）、氢氟碳化物（HFCs）、全氟化碳（PFCs）、六氟化硫（SF_6）、三氟化氮（NF_3）。ISO 14064 包含三部分内容：①ISO 14064-1：2006《温室气体　第一部分　组织层次上对温室气体排放和清除的量化和报告的规范及指南》；②ISO 14064-2：2006《温室气体　第二部分　项目层次上对温室气体减排和清除增加的量化、监测和报告的规范及指南》；③ISO 14064-3：2006《温室气体　第三部分　温室气体声明审定与核查的规范及指南》。

3）2007 年 4 月 15 日，ISO 14065：2007《温室气体　用于认可的温室气体确认和验证机构的规范及指南》发布。ISO 14065 是对 ISO 14064 的补充，在 ISO 14064 为政府和组织提供能够测量和监控温室效应气体（GHG）的减排要求的同时，ISO 14065 为采用 ISO 14064 或其他相关标准、规范进行 GHG 确认和验证的机构提供规范及指南。

4）2013 年，ISO 14067：2013 正式发布。它是 ISO 为解决“碳足迹”具体计算方法而制定的标准。该标准适用于商品或服务（统称产品），主要涉及的温室气体包括《京都议定书》中规定的 6 种气体，即二氧化碳（CO_2）、甲烷（CH_4）、氧化亚氮（N_2O）、六氟化硫（SF_6）、全氟化碳（PFCs）及氢氟碳化物（HFCs），还包含《蒙特利尔议定书》中管制的气体等，共63种气体。

5）2018年8月，ISO 14067：2018《温室气体　产品碳足迹　量化要求和指南》发布该标准取代了技术规范ISO/TS 14067：2013，同时，ISO 14067：2018也升级到国际标准。ISO 14067：2018是一项国际公认的用于量化产品碳足迹的ISO标准。该标准规定了量化和报告产品碳足迹（CFP）的原则、要求和指南，其方式与国际生命周期评估（LCA）标准（ISO 14040和ISO 14044）一致，为企业界评估产品碳排放提供了统一的规范，是有效推动绿色商品或服务评价的工具。

6）2018年12月，ISO更新发布了ISO 14064-1：2018版标准。新版标准对间接排放有了更高的要求，相较2006版将间接排放划分为“能源使用间接排放”和“其他间接排放”两类的做法，新版标准将其他间接排放做了进一步的细化。ISO 14064-1：2018《温室气体　第一部分　组织层次上对温室气体排放和清除的量化和报告的规范及指南》共分为10章，并提供了3个规范性附录和6个资料性附录。ISO 14064-1规定了在组织层次上温室气体清单的设计、制定、管理和报告的原则和要求，包括确定温室气体组织和报告边界、量化温室气体的排放和清除以及确定组织减缓行动等方面的要求，并提供了直接排放、间接排放的分类指南和如何选择、收集和利用数据进行直接排放量化的指南。此外，该标准还包括对清单的质量管理、报告、核查活动的职责等方面的要求和指导。ISO 14064-2：2019《温室气体　第二部分　项目层次上对温室气体减排和清除增加的量化、监测和报告的规范及指南》规定了项目层次上温室气体（GHG）减排或清除增加活动量化、检测和报告的原则、GHG项目的说明以及对GHG项目的要求。ISO 14064-2中，GHG项目是指改变基准线的状况从而产生GHG减排或清除增加的一项或多项活动。其中，GHG减排是GHG项目与基准线情景相比，在GHG排放方面的减少量。GHG清除是通过GHG汇从大气中收回GHG。GHG清除增加是GHG项目与基准线情景相比，在GHG清除方面的增加量。基准线情景是指没有建议的GHG项目时，能够最合适地表现最可能发生状况的假定参考情况。应该注意，GHG减排或清除增加才是GHG项目对减缓气候变化的成效，GHG清除并不一定能够产生减缓气候变化的成效。ISO 14064-3：2019《温室气体　第三部分　温室气体声明审定与核查的规范及指南》共分10章，并提供了1个规范性附录和3个资料性附录。该标准详细规定了组织温室气体（GHG）清单、GHG项目和产品碳足迹相关的GHG声明的核查与审定的原则和要求，确定了核查或审定的过程，包括核查或审定策划、评审程序，以及对组织的、项目和产品的GHG声明的评价。

7）2023年11月，ISO 14068-1：2023《气候变化管理　向净零过渡　第一部分：碳中和》正式发布，标志着“碳中和”从一个新概念到实现国际普遍认证的过程。该标准规定了通过量化、减少和抵消碳足迹来实现和证明碳中和的原则、要求和指南，定义了与碳中和相关的术语，并为实现和展示碳中和所需的行动提供了指导，为全球提供了实现碳中和的统一方法和原则。

5.2 组织层面温室气体排放量的核查

温室气体排放量的核查是指在确定的空间和时间边界内进行碳排放量计算的过程。温室气体排放量核查的结果可以是只关注温室气体排放源和信息的碳排放清单，也可是一份完整的温室气体排放量的核查报告，用以公开碳排放。温室气体排放量的核查可分为组织、项目、产品和区域四种类型。本节就组织层面温室气体排放量核查及其清单编制进行论述，概述温室气体排放量核查的主要内容。

5.2.1　碳资产组织与运营边界的设定

履行温室气体排放量核查的首要任务是设定组织边界。组织边界与运营边界的设定是建立组织温室气体排放量核查边界整体规划的参考依据。具体工作内容包括：清查与界定温室气体排放种类；辨识与营运有关的排放；鉴别温室气体直接、能源间接与其他间接排放源。

1. 组织边界的设定

组织边界的设定是指确定温室气体排放量核查所涉及的设施，包括温室气体的源和汇。组织需要采用控制权法或股权持分法来设定组织边界。

（1）控制权法

组织对其拥有财务或运营控制权的设施承担所有量化的温室气体排放与移除。采用控制权法时，对该组织所控制设施的温室气体排放（或减排）100%记为该组织的排放（或减排）。如果对某一设施拥有分配利益权而无控制权，则不认可该设施的温室气体排放（或减排）。在实际操作过程中，控制又可分为运营控制与财务控制。

（2）股权持分法

组织依股权比例分别承担设施的温室气体排放与移除。股权比例反映了经济上的利益，是组织从设施上所获取的利益及风险的权利范围。在合资企业中，需要确定每个设施都采用了适当的股权分配比例。

组织可由一个或多个设施组成。设施层级的温室气体排放或移除可能产生自一个或多个温室气体源或温室气体汇。组织应采用下列方法之一来归总其设施层级温室气体排放与移除：识别未涵盖项目和排除项目，地理范围内非组织所有应予以清除。例如：①A 厂内的汽电共生厂，由于汽电共生不属于 A 厂所有或控制，因此，汽电共生厂需排除并注明；②外购电力转供外单位需要排除并注明，如采油厂转供社区。

2. 运营边界的设定

在设定了组织边界之后，组织需要设定运营边界，包括辨识与运营有关的排放，以直接和间接的排放予以分类，并确定需要量化哪些间接排放。《温室气体议定书企业准则》将企业的温室气体排放分为三个范畴，具体介绍参见 5.2.3 小节。

综上，运营边界的设定包括识别与组织运营相关的温室气体排放与移除，将温室气体排放与移除分类为直接排放、能源间接排放及其他间接排放。其中，范畴一和范畴二的排放是必须识别和量化的；范畴三的排放可依据组织参加温室气体管理方案和组织自身的管理目标不同，选择部分或全部项目进行核查，或者暂时不进行量化。

5.2.2 基准年的设定

基准年是指用来对不同时期的 GHG 排放或清除，以及其他 GHG 相关信息进行参照比较的特定历史时段。为了比较和减量，在开始核查时，组织应选择并设定基准年，完成基准年的核查清册。基准年可以是历史上任何一个可以获得量化数据的年份（如果不能获得历史数据，可以将开始核查的第一年设为基准年）。基准年可以变更，并且在特殊情况下，组织还要考虑设定基准年的再计算程序，需要启动基准年再计算的情况包括：运营边界改变；温室气体源或温室气体的所有权与控制权移入或移出组织边界；温室气体量化方法改变，导致温室气体排放量或移除量产生显著改变。组织应确定温室气体排放或减排的基准年，以该年的排放量作为基准值。国外按基准年收碳税，按基准年配额。因此，基准年的设定对计算温室气体排放量至关重要。

在设定基准年时，组织应该考虑：①选取典型年份；②基准年的排放或减排数据可核查；③在没有历史数据时，可以选取编制第一份温室气体清单时的当年为基准年。

5.2.3 碳排放源的鉴别

鉴别组织内部的温室气体排放源，不同行业和企业的排放源差别很大，需要专业人士帮助企业鉴别碳排放源。碳排放源主要分为四大类：固定排放源、移动排放源、制程排放源及逸散排放源。

范畴一：直接温室气体排放。排放源是由该组织拥有或所控制的，如组织持有或控制的锅炉、车辆等产生的燃烧排放，空调设施等产生的逸散排放，持有或控制的工艺设备发生化学反应所产生的排放。直接排放源划分如下：

（1）固定排放源（固定燃烧源）

固定燃烧源是指利用化石燃料燃烧时产生热量，为发电、工业、生产和生活提供热能和动力的燃烧设备。具体信息见表 5-1。

表 5-1 固定排放源温室气体排放

	设备设施	燃料	产生的温室气体
固定排放源	锅炉、加热炉、热水罐、热水炉、柴油发电机、燃油中央空调、天然气发动机、消防用柴油泵、柴油钻机、抓管机、沥青搅拌机、油气混烧泵等	汽油、柴油、原煤、液化气、原油、煤油、乙烷、炼厂干气、固体石蜡、石油溶剂、沥青、页岩油、润滑剂等	CO_2、CH_4、N_2O

（2）移动排放源

移动排放源是指在运行或移动过程中直接排放温室气体、气态污染物（如二氧化碳、氮氧化物、碳氢化合物、颗粒物等）和/或挥发性有机化合物（VOCs）的设备、机器或交通工具，可细分为道路运输和非道路运输排放源。具体信息见表 5-2。

表 5-2 移动排放源温室气体排放

	设备设施	燃料	产生的温室气体
移动排放源	运输车辆、测井车辆、物探车辆、录井车辆、随车起重运输车、锅炉车、起重机车、叉车、铲车、火车（自用）、轮船、汽（柴）油割草机、挖掘机、拖拉机、柴油修井机、推土机、压路机、火车头等	汽油、柴油、液化石油气、煤油、润滑油、压缩天然气、液化天然气、乙醇等	CO_2、CH_4、N_2O

（3）制程排放源

制程排放源是指在工业生产、加工、制造或处理过程中，由于物质转化、能源使用或其他工业活动而直接排放温室气体、气态污染物（如二氧化硫、氮氧化物、挥发性有机化合物等）和/或颗粒物（如 PM10、PM2.5）的固定设施或设备。制程排放受人的操作行为控制，如生产水泥、铝、氨及处理废物、乙炔焊接等，油田钻井、修井、试井、测试、化学泵入、管线穿孔、设备维修时减压等造成的排放、若干化学反应。具体信息见表 5-3。

表 5-3 制程排放源设备、工艺

序号	设备、工艺名称	序号	设备、工艺名称
1	乙炔焊割	6	制氢 PSA 尾气
2	天然气损耗	7	二氧化碳装置
3	纯盐酸（100%）	8	酸性气放空（CO_2）
4	空气气驱	9	联合装置硫黄回收工艺
5	催化烧焦		

产生的温室气体主要有乙炔焊接产生的 CO_2，油田钻井、修井、试井、测试、管线穿孔产生的 CH_4。

（4）逸散排放源

逸散排放源是指在生产、加工、存储或运输过程中，由于设备泄漏、蒸发、渗漏或无意中释放而产生的空气污染物的来源。例如，不同设备零部件之间泄漏造成的排放，天然气运输过程中 CH_4 排放，冷媒空调机组制冷剂（HFCs）泄漏，汽车空调制冷剂泄漏，采用压缩机制冷的饮水机，冷干机，CO_2 灭火器，以 CO_2 为推进剂的防锈油，SF_6 高压开关，化粪池，污水处理厂，七氟丙烷灭火系统（FM200）（IT 机房）等。具体信息见表 5-4。

表 5-4 逸散排放源设备、工艺

序号	设备、工艺名称	序号	设备、工艺名称
1	车载空调	5	CO_2 灭火器
2	冰箱冰柜	6	FM200 灭火系统
3	室内空调机	7	化粪池
4	SF_6 高压电柜	8	污水处理

产生的温室气体主要有空调、冷干机、七氟丙烷灭火系统（HFCSCO_2 灭火器）产生的气体，以 CO_2 为推进剂的防锈油产生的 CO_2，化粪池、污水处理厂产生的 CH_4，SF_6 高压电柜产生的 SF_6。

范畴二：能源间接温室气体排放。这是为生产组织输入并消耗的电力、热力或蒸汽而造成的温室气体排放，排放是企业的作业结果产生的，但排放源由其他组织拥有或控制，即企业持有或控制的设备或业务消耗的采购电力产生的温室气体排放。这是一类比较特殊的间接排放，对一些企业可能是很大的温室气体排放来源，如外购电力产生的排放。

范畴三：其他间接温室气体排放。这是因组织的活动引起的、由其他组织拥有或控制的温室气体源所产生的温室气体排放，但不包括能源间接温室气体排放，如外包加工，员工通勤或商务旅行，原物料开采及产品使用期间所发生的排放或外包供应链的排放等。范畴三的界定相对模糊，凡是不能归为范畴一和范畴二的排放都可以算作范畴三的排放。

5.2.4 碳排放的量化

1. 常用碳排放量化方法

温室气体排放量核查技术含量最高的部分即温室气体的量化。常用的碳排放量化方法主要有如下三种：

（1）直接测量法

直接测量法也称实测法，是指通过现场燃烧设备进行有关参数的实际测量，直接检测排气浓度和流率来测量温室气体排放量，并进行碳平衡计算的方法。一般来讲，实测结果较准确，但工作量大、费用高。

（2）质量平衡法

质量平衡法是指对生产过程中所使用的物料进行定量分析的方法。生产过程中，投入系统或设备的物料质量必须等于该系统产出物质的质量。对碳平衡而言，投入燃料和原料中的碳等于产出的碳可以计算出过程中排放的二氧化碳，但由于测量物质的成分和碳含量比较困难，一般工业过程中也较少使用质量平衡法。某些制程排放可用质量平衡法：对制程中物质质量及能量的进出、产生及消耗、转换进行平衡计算。

（3）排放系数法（应用最广泛）

排放系数法是指根据生产同一产品的各类工艺、规模下的生产过程中的排放系数进行加权计算，得出一个较实际的单位产品的经验排放系数，进而计算出某产品碳排放量的方法。该法的计算公式为温室气体排放量=活动水平数据×排放系数。其中，活动水平数据如燃油使用量、产品产量等，又如交通运输的燃油使用量、车行里程或货物运输量等；排放系数指根据现有活动数据计算温室气体排放量的系数。常用的排放系数包括国家发改委每年公布的电力系统排放因子、联合国政府间气候变化专门委员会（IPCC）公布的燃煤排放系数等。温室气体排放量取决于可获得活动水平数据和排放因子数据。收集活动水平数据可根据排放源的重要程度，设定收集行动的优先顺序。组织温室气体排放源活动水平数据的收集来源主要有以下几个方面：①官方统计资料和数据；②代表性的实测数据；③组织排放报告；④问卷调查数据；⑤公开发表的科研文献。

2. 移动排放源的碳排放核算

值得注意的是，移动排放源的碳排放核算是一个复杂的过程，它涉及多个环节和因素的综合考量。通常这一过程遵循以下步骤：

1）数据收集。车辆信息，包括车辆类型、数量、使用年限、行驶里程等；燃油类型与消耗，包括燃油的种类（如汽油、柴油等）及其消耗量；运行数据，包括车辆的平均速度、行驶时间、怠速时间等。

2）排放因子选择。依据车辆类型和燃油类型，选择相应的排放因子。排放因子通常是基于车辆的测试数据和燃料的化学成分计算出来的，用于估算在特定条件下的污染物排放量。

3）排放量计算。根据收集的数据和排放因子，计算每辆车辆的年度或终身排放量，包括二氧化碳（CO_2）、一氧化碳（CO）、氮氧化物（NO_x）、颗粒物（PM）等污染物的排放。

4）排放核算。将单个车辆的排放量汇总至特定时间段或区域，如城市、省份或国家，以评估移动排放源的整体碳排放情况。

5）考虑其他影响因素。还需要考虑其他可能影响排放的因素，如天气条件、道路状况、车辆维护状况等。

6）对比与报告。将核算结果与国家标准、国际协议或其他参考标准进行对比，评估移动排放源的碳排放水平；编制报告，提出减排措施和改进建议。

随着技术的发展，移动排放源的碳排放核算技术也在不断进步。最新的移动排放源碳排放核算技术主要依赖于大数据、物联网、人工智能等现代信息技术的发展。以下介绍几种关键技术：

1）车载诊断系统（OBD）。OBD 是一种安装在汽车上的诊断系统，能够实时监控车辆的运行状态和排放情况。它通过诊断接口提供车辆的实时数据，包括排放控制系统的状态和潜在的故障代码。利用 OBD 数据，可以对车辆的排放进行实时监控和评估，有助于精确核算移动排放源的碳排放。

2）远程信息处理系统（Telematics）。Telematics 是一个集成了通信技术、车载计算机系统和移动网络服务的系统，它可以收集和分析车辆的运行数据、位置、速度、油耗等信息。通过 Telematics 系统，不仅可以监测车辆的排放状况，还能分析驾驶行为，提供减排建议，从而减少整体的碳排放。

3）大数据分析。收集大量的车辆运行数据和环境数据，利用大数据分析技术可以揭示排放与行驶条件、车辆维护等因素之间的关系；通过分析历史数据，可以预测和估算车辆的排放情况，为制定排放政策和标准提供科学依据。

4）人工智能（AI）与机器学习。人工智能（AI）与机器学习算法可以处理复杂的排放数据，识别排放模式和趋势，为车辆的排放控制提供智能决策支持。这些技术还可以用于开发更精确的排放因子，以适应不同的车辆和燃料类型。

5）生命周期评估（LCA）。生命周期评估是一种评估产品或服务整个生命周期内环境影响的方法，包括原材料采集、生产、使用和废弃处理等。在移动排放源的碳排放核算中，LCA 可以帮助评估车辆从生产到报废全过程中产生的碳排放，为减少整个生命周期的碳排放提供依据。

6）移动源排放监测系统（EMS）。EMS 是一种集成系统，它可以监测和报告车辆的排放性能。这些系统通常包含多个传感器，能够实时测量尾气中的污染物浓度。通过定期检测和报告，EMS 有助于确保车辆符合排放标准，同时提供了核算排放的实时数据。

这些技术的应用不仅提高了移动燃烧源碳排放核算的准确性和实时性，还为政府和企业提供了强有力的工具，以监管和减少车辆的碳排放，推动实现国家的低碳发展战略。随着技术的不断进步和创新，未来这些方法将更加完善，为应对气候变化和改善空气质量做出更大贡献。

5.2.5 碳排放清单管理

世界资源研究所和世界可持续发展协会在着手制定新的标准《产品核算与报告标准》和《公司价值链核算与报告标准》。目前碳排放清单管理主要包括创建碳排放清单报告，根据 ISO 14064 或 GHG Protocol 标准的要求，生成企业碳排放清单报告，并组织内部核查和外部核查。

1. 温室气体排放量的核查清单编制原则

碳排放清单编制过程中的基本原则和前提假设不同，导致不同区域和组织计算温室气体排放量结果差异很大，不仅对比性差，而且会造成理解困难。ISO 14064 标准要求温室气体核算与报告遵循五个原则（具体参见 ISO 14064-1）：相关性、完整性、一致性、透明性、准确性。

除此之外，组织还可考虑如下基本原则：

1）重点研究关键排放源。关键排放源是在总排放量中所占比例较大的排放源。对关键排放源（活动）尽可能采用详细的高级别计算方法，而对非关键排放源可采用低级别的计算方法。

2）数据源优先级。在收集数据源和计算排放因子时，优先考虑现有地方实测数据，如燃料的元素分析、燃烧设备的热平衡测试；其次是国内同类或相似地区数据和我国国家数据，后为 IPCC 与 EPA 等机构推荐值。

3）除电力消耗适用消费模式外，其他均采用生产模式。通常电力消耗在组织温室气体中所占比例较大，而电力往往属于异地生产和远距离传输，因而如果采用生产模式，将显著低估组织温室气体排放量。基于此，国际上多数采用这种混合模式计算温室气体排放情况。

2. 温室气体排放量的核查重点评估对象

《京都议定书》规定了六种温室气体：二氧化碳（CO_2）、甲烷（CH_4）、氧化亚氮（N_2O）、氢氟碳化物（HFCs）、全氟化碳（PFCs）和六氟化硫（SF_6）。其中，二氧化碳（CO_2）的主要来源是化石燃料的燃烧，也是导致全球变暖的主要温室气体；甲烷（CH_4）的主要来源包括农业活动、垃圾填埋场、天然气和石油系统的泄漏，其全球变暖潜能值远高于 CO_2；氧化亚氮（N_2O）主要来源于农业和工业活动，包括使用氮肥、生物质燃烧和化石燃料的燃烧；氢氟碳化物（HFCs）用作冷却剂和发泡剂，其全球变暖潜能值远高于 CO_2，尽管它们的浓度较低；全氟化碳（PFCs）主要用作电子工业中的蚀刻剂和清洁剂，其全球变暖潜能值非常高；六氟化硫（SF_6）主要用于电力设备的绝缘气体，其全球变暖潜能值非常高，是一种非常强的温室气体。

3. 温室气体排放量核查清单的质量管理

企业可以采用已有的报告工具和流程对处于不同地区和业务单元的温室气体排放量进行合并。在此过程中，需要制订合理的计划，从而减轻报告负担，减少处理数据时可能出现的错误，并确保所有排放源按照一致的方法进行数据和信息采集。选择适当方法并收集数据后，估算温室气体的排放量，对清单进行质量核查，保证活动水平数据可靠性、可比较性和可持续性，保证计算方法的透明性。进一步进行清单不确定程度分析和关键类别分析，确定是否需要使用较高层次的方法及收集更多活动数据，然后进行汇总和报告清单。有关不确定性评估的详细信息，可以参考英国标准协会颁布的规范 PAS 2050：2008 以及世界资源研究所和世界可持续发展工商理事会发行的有关不确定性指导文件。

生成企业碳排放清单报告后，需要组织企业内部核查和第三方外部核查。内部核查是由企业内部组织温室气体排放量的核查工作，对数据收集、计算方法、计算过程以及报告文档等进行核查。做好温室气体排放量的核查，是企业参与碳交易、合理争取碳配额的基础，也是企业管理碳资产、发掘碳减排空间的基础和关键。由第三方机构开展碳核查，可以对企业自身温室气体排放量的核查结果进行验证，有效地保证温室气体排放量的核查数据的相关性、完整性、一致性、准确性和透明性。第三方温室气体核证过程如图 5-1 所示。

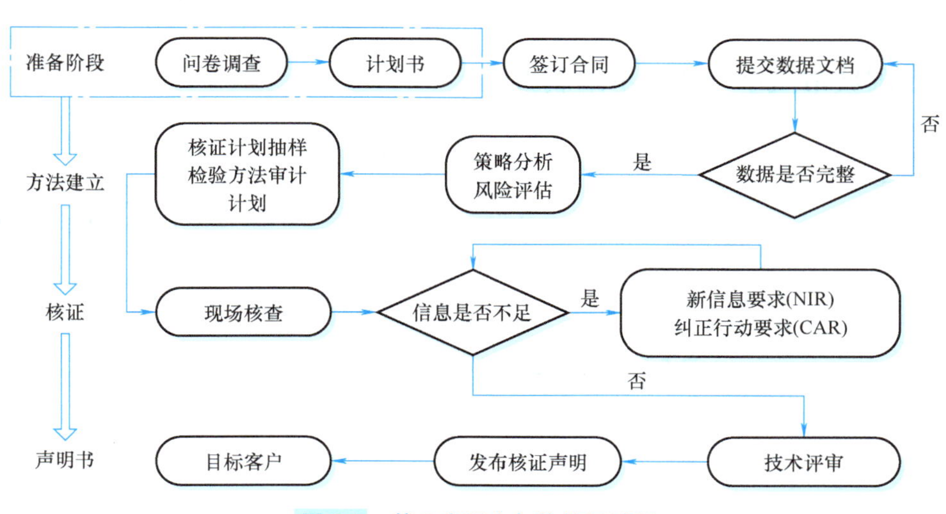

图 5-1　第三方温室气体核证过程

在我国有多个认证机构提供温室气体排放量的核查相关的认证服务，这些机构通常是由国家认监委（中国国家认证认可监督管理委员会）批准的。以下是一些常见的开展温室气体排放量的核查认证业务的第三方认证机构：

1）中国环境标志产品认证中心（CEC），遍布全国，提供环境标志产品认证服务。

2）中国质量认证中心（CQC）是中国国家级认证机构，拥有全国性的服务网络，提供包括碳足迹在内的多种认证服务。2008 年 9 月，CQC 经天津排放权交易所（TCX）授权正式成为第三方温室气体核查机构。

3）中国合格评定国家认可委员会（CNAS），负责认证机构的认可工作，不直接提供认证服务，但通过认可的机构可能提供温室气体排放量的核查服务。

4）中国认证认可协会（CCAA），同样不直接提供认证服务，但通过其会员单位可能获得温室气体排放量的核查服务。

5）中国环境科学研究院，在北京设有总部，并在全国各地有分支机构，提供环境咨询和评估服务。

6）各地的环境保护部门或其下属的环境监测机构，可能在地方层面提供温室气体排放量的核查服务。

7）各省市的质量和环境认证机构，如上海市质量技术监督局下属的上海质量认证中心等。

8）专业第三方认证机构，如深圳碳排放权交易所等，可以提供碳排放相关的评估和交易服务。

由于认证机构可能会根据市场需求和政策导向进行调整，建议企业在选择认证机构时，要进行详细的调查和比较，以确保选择的服务质量和认证效力符合自身需求。同时，可以直接咨询当地的环保部门或者行业组织，获取推荐的认证机构列表。

5.3 国家（城市）层面温室气体排放量的核查

5.3.1 我国城市温室气体清单编制方法

温室气体排放清单的编制

我国目前广泛开展的清单编制活动主要是国家温室气体清单编制和省级温室气体清单编制，前者主要参考 IPCC 技术报告和方法指南，后者则是以在 IPCC 方法指南的基础上由我国发改委气候司编写的《省级温室气体清单指南》为指导。企业或城市温室气体清单编制目前还没有形成统一的编制方法。我国温室气体清单编制方法学结构见表 5-5。

表 5-5　我国温室气体清单编制方法学结构

方法学结构	思路与特点
覆盖领域	能源活动、工业生产过程、农业、土地利用变化和林业、废弃物处理
核算气体	CO_2、CH_4、N_2O、HFCs、PFCs、SF_6
方法体系	自上而下（Top-Down，参考方法）或者自下而上（Bottom-Up，部门方法）
编制原则	透明性、连续性、可比性、全面性、精准性（重点研究关键排放源、数据源优先级）
编制模式	生产模式、消费模式（电力部门）
边界影响	以地理分界线为依据，也可以是一个开放的系统

国家温室气体清单指南覆盖五个领域：能源活动、工业生产过程、农业、土地利用变化和林业、废弃物处理。其方法学的一般结构为选择方法（包括决策树和方法层级定义）、选择排放因子、选择活动数据、完整性、建立一致性时间序列。该方法学提供的清单编制思路有两种：

（1）自上而下（Top -Down）

自上而下通常运用于国家层面的核算，需要收集整个研究区域的排放强度和排放源活动水平，继而分解到更小的地区或部门。它是基于表观消费量的参考方法，碳排放量基于各种化学燃料的表观消费量，与各种燃料品种的单位发热量、含碳量，以及燃烧各种燃料的主要设备的平均氧化率，并扣除化石燃料非能源用途的固碳量等参数综合计算得到的。

（2）自下而上（Bottom-Up）

自下而上通常运用于区域层面的核算，将研究区划分为网格（Grid Cells）或行政单元（Administration Units），从对应的网格或行政单元收集活动水平数据和计算温室气体排放量。它是基于国民经济各门类的部门方法，碳排放量基于分部门、分燃料品种、分设备的燃料消费量等活动水平数据，以及相应的排放因子等参数，通过逐层累加综合计算得到。

另外，为了满足计算精度的需要，IPCC 在部门方法中创造了层级（Tie）的概念，不同层级表示不同的排放因子。获取方法从层级 1 到层级 3，方法复杂性和精确性都逐级提高。基于表观消费量的参考方法的优点在于易获取数据、计算方法能够保证清单的完整性与可比性等；其缺点主要在于难以确定排放主体的减排责任。与之相反，基于国民经济各门类的部门方法能够明确部门减排责任；但存在时间消耗多、工作量大、难以保证可比性等不足之处。

5.3.2　我国当前城市温室气体排放量的核查方法

从 20 世纪 80 年代开始，我国就与加拿大政府合作开展“北京温室气体排放清单”研究。清单编制的主要内容包括能源活动、工业生产过程、农业活动、土地利用变化以及废弃物处理（CO_2、CH_4 和 N_2O）。由三种温室气体排放量估算确定的城市温室气体排放计算原则主要包括：①全面性。全面覆盖城市 CO_2、CH_4 和 N_2O 三种温室气体排放，排放活动源遍及城市经济活动的第一、二、三产业和居民消费等各个部门与行业。②关键排放源。尽可能采用详细的高级别计算方法计算排放量。③充分利用地方和国家数据源，在收集数据时最先考虑使用地方实测数据。④混合模式计算温室气体排放，除电力部门采用消耗模式外，其余均采取生产模式。

然而，我国城市与西方城市具有许多不一致。首先，我国城市是一个行政体，不像西方城市是一个自治体；城市政府具有财政收支权，城区、街道不具备财政支配权。其次，我国城市是行政区，包含城区和农村地区，直辖市与省相似，由城区、郊区和县组成，地级市由城区、县组成，县级市由城区和乡镇组成，不像西方城市城乡分明。再次，我国城市统计资料分散，难以按西方发达国家的城市温室气体排放清单进行统计和计算。

我国城市温室气体排放量的核查的方法主要包括以下几个步骤：

1）数据收集和统计。收集城市能源消耗、工业生产、交通、建筑、土地利用等领域的相关数据，并对数据进行整理和统计。

2）碳排放核算。根据收集到的数据，采用相应的碳排放核算方法，计算城市总体的碳排放量。碳排放核算方法包括国家统一方法、国际通用方法等。

3）碳排放来源分析。对城市碳排放来源进行详细分析，了解各个领域对碳排放的贡献程度，为制定减排措施提供依据。

4）温室气体排放量的核查报告编制。将核查结果编制成报告，包括碳排放总量、来源分析、趋势预测等内容，为社会公众、政府和企业提供决策参考。

5）碳减排措施制定。根据核查结果，制定相应的减排措施，包括政策法规、技术改进、产业结构调整、节能降耗等方面。

6）温室气体排放量的核查结果应用。将核查结果应用于城市规划、政策制定、企业经营等方面，推动城市低碳发展。

需要注意的是，我国城市温室气体排放量的核查方法会根据国家政策、国际标准和技术进步不断调整和完善，以适应城市低碳发展的需要。

5.4 温室气体排放量的不确定性

5.4.1 来自模型的不确定性

模型结构不确定性是指由于气候模型在理论基础、假设、复杂性和动态行为等方面的差异，导致对温室气体排放量及气候变化预测的结果的显著不同，这不仅影响了对未来气候情景的理解和风险评估，还可能导致政策制定者在风险评估、目标设定、成本效益分析、政策灵活性、公众信任、投资决策、国际合作、适应策略、政策执行的监测评估及长期规划等方面面临挑战。这种不确定性可能会使得政策设计缺乏明确性，影响政策的优先级排序和执行效果，削弱公众的信任，阻碍低碳经济的发展，并在国际气候协议中引起分歧。因此，持续评估和改进模型结构是提高预测准确性的关键。政策制定者需在认识到这些不确定性的同时，采取风险评估、情景分析等策略来减轻其影响，并依赖科学研究和技术进步来提高政策制定的质量和有效性。

为了减少模型不确定性对温室气体排放量预测的影响，科学家通常会采用多模型比较、敏感性分析、模型校准和改进观测数据等方法来提高预测的准确性和可靠性。通过这些方法，可以更好地理解模型预测的不确定范围，为政策制定者提供更加科学的决策依据。

5.4.2 来自参数的不确定性

在温室气体排放量测量过程中，基于企业排放端监测温室气体排放量时，所选取的排放因子一般是通过有限的样品测量得到的，这就存在仪器测量等误差。所以排放因子也有一定的不确定性。根据企业统计的生产数据在统计过程中存在人为偏差、统计数据遗失，使统计的生产数据也具有不确定性。基于企业排放端监测温室气体排放量时具有仪器误差等问题，也会造成核算排放结果的偏差。目前常用的测量不确定性的评估方法有误差传递法、蒙特卡罗法。

在能源行业减排规划中，许多参数及其交互作用是不确定的，如技术进步水平、技术参数、燃料结构及能源转换效率、削减设施效率和成本随时间和空间的变化，能源系统的实际碳排放量和减排目标也随时空演变而动态调整，导致能源系统减排过程的不确定性和复杂性。一旦实际排放量超出允许排放量，相应的经济惩罚又有可能增加减排的不确定性。不仅如此，能源规划的问题识别、解释求解结果等非模型活动与决策者的经验和知识储备密切相关，但由于技术和认知水平的局限性，不可避免地会给规划带来诸多不确定性。进一步地，在建构能源系统减排规划模型时，一般都要对真实的能源系统进行简化，并提出相应的假设和边界条件，造成理论值与实际值之间的差异，成为引发不确定性的又一来源。

5.4.3　来自统计方法的不确定性

忽视不确定性的影响可能会产生系统非最优甚至错误决策。针对环境系统中的不确定性已出现多种量化方法，如借助蒙特卡罗模拟、卡尔曼滤波法和贝叶斯推论等技术计算系统可信度，而利用随机、区间、模糊函数和混合算法来评估决策的效率则是更为常见的处理方法。不过，鉴于区间线性规划算法的不完善性和优化模型的复杂性，基于各种智能算法的随机模拟和模糊模拟技术逐渐得到发展。经典的智能算法主要包括：人工神经网络（ANN）、遗传算法（GA）、蚁群算法（ACO）和粒子群算法（PSO）等。然而，上述算法几乎都存在所谓的维数灾难缺陷，实际应用受到诸多限制。

5.4.4　不确定性的处理方法

1. 学术研究视角

温室气体排放量不确定性的处理方法是一个多层次、跨学科的综合过程，它涉及识别和量化排放数据、模型结构及参数的不确定性，并在此基础上采取一系列统计和计算方法进行深入分析。首先，部分相关研究者通过敏感性分析和蒙特卡罗模拟等技术，评估不同来源的不确定性对排放量估算的影响程度，其中，数据不确定性包括活动数据和排放因子的变异，而模型不确定性则涉及计算方法的选择和假设。其次，部分学者运用误差传递理论对不确定性在排放量计算过程中的传播进行量化，并通过模型校准和验证来优化模型预测精度。此外，贝叶斯方法被用于结合先验知识与新数据，更新参数的概率分布，从而提高参数估计的准确性。在不确定性报告方面，研究者需提供包含最佳估计值和置信区间的排放量结果，确保透明度。最后，通过专家判断和跨学科综合评估，研究者将不确定性分析结果应用于决策支持，如情景分析和风险分析，以帮助政策制定者更好地理解和管理温室气体排放量的不确定性，为应对气候变化的策略提供科学依据。这一过程不仅提升了温室气体清单的可靠性和决策的稳健性，也为未来不确定性处理方法的改进和优化奠定了理论基础。

2. 政策制定视角

（1）减少损害和技术不确定性

与增加排放量相比，提高研发投资更有助于减弱气候损害的不确定性。为了实现减排目标，短期内应致力于提高能源效率，中期要依靠碳捕获和封存（CCS）和可再生能源，长期内则须将CCS、核电和可再生能源等低碳技术相结合，并率先在电力、交通等行业实施低碳发展。不过，在CCS应用中，考虑到CO_2封存的不确定性，应当选择灵活的碳汇方案、成本有效的能耗结构，提高CCS系统的动态性和经济性。此外，在三种减排不确定性（林业碳汇、化石能源碳排放和减排成本）中，碳汇价值随着林业碳汇不确定性的增加而显著下降，因此，未来是否应当在气候政策中纳入碳汇，取决于其他碳汇来源的不确定性和实现预定减排目标的重要性。进一步地，尽管直接碳捕获和封存技术（例如地质注入）拥有较强的存储能力，然而成本效率极低，并且长期碳捕获也未被证明是安全的。鉴于此，可以采用抵消碳排放的一个新方法——直接生物碳减排。该方法产生的生物质能够进一步转换成生物燃料、生化产品、食品或动物饲料，而这些有用的副产品可为减排提供资金。

（2）降低监管不确定性的风险

1）减排政策的选择。研究发现，一项有力的减排政策能够在1/40的概率下使温度上升不超过3.2℃，尽管并未消除全球变暖的实质性状态，但可显著降低温升水平。从国际减排体系的先进经验来看，当前和未来交易机制的衔接不仅需要大量的技术修复和交易系统间的协同，还应有清晰的管制和政策信号、对技术的政治支持及更稳定的经济环境。目前，在各种市场型管制政策中，碳税和碳交易无疑倍受瞩目。一般认为，当存在不确定因素时，碳交易的实施效果较好。并且，相较碳税而言，碳交易能够为企业带来更多的预期利润。然而，根据丁伯根法则（Tinbergen's Rule），单一政策工具的有效性欠佳，政策工具间的合理搭配才能发挥最优效果。因此在推行碳交易时，也可将碳税作为补充手段。当然，单纯依靠市场型工具是不够的，还需要政府这只“有形的手”加以行政干预，通过选择恰当的政策执行时机和实施标准，提高资源配置和利用效率。

2）减排机制的完善。首先，要确保碳市场稳定有序。由于碳市场现货和期货收益波动间存在关联性，投资者可能利用套期保值规避碳市场的系统性风险，因此，监管者应当密切关注两类价格的动态变化，设计合理的交易机制和许可分配机制，确保碳市场的健康运行。其次，要降低减排系统的风险。研究认为，禁止跨期存储导致了EU ETS第一阶段末期的价格骤跌，价格未能充分反映成本。鉴于不确定性风险可导致企业存储策略发生变化，建议利用配额存储作为风险管理的工具。再次，要提高减排政策的透明度。让被监管者参与谈判可使其获得关于最终结果的内部信息，从而降低监管不确定性；此外，积极参与政治谈判、向监管者施加压力，也有利于产生企业期望的结果。因此，如果存在监管不确定性，尤其在决策早期当结果不完全明朗时，企业有激励参与决策过程。

3）减排路径的优化。一方面，在减排目标上，要妥善处理总量控制与强度控制的关系。研究发现，在确定情况下，绝对总量控制和相对强度控制的效果是一样的；但当考虑不确定因素时，强度控制就优于绝对总量控制。这一结论在发达国家还存在一定争议，但在发展中国家是稳健的。另一方面，应当优化排放路径、降低减排成本。研究认为，在最优排放路径下，与 2000 年的排放水平相比，2020 年的最优排放水平要增加 34%，2050 年则低于 2000 年的排放水平，至 2100 年排放水平可减少 88%。为此，建议将不确定性视为长期减排规划的一项关键要素，确保管制过程具有较强的可持续性，以应对不确定性风险。

第6章 碳市场交易工具

6.1 碳远期

6.1.1 碳远期概述

1. 碳远期的概念

远期通常是指远期合约（Forward Contact），即将来某一指定时刻以约定价格买入或卖出某一产品的合约。远期合约是商品经济发展的产物，是生产者和经营者在商品经济实践中创造出来的一种规避交易风险、保护自身利益的商品交换形式。在远期合约中，同意在将来某一时刻以约定价格买入资产的一方被称为持有多头寸（Long Position，简称多头）；远期合约中的另外一方同意在将来某一时刻以同一约定价格卖出资产，则这一方被称为持有空头寸（Short Position，简称空头）。

碳远期（Carbon Forward Contact）作为一种具体化的远期合约，是指交易双方约定在未来某一时刻，以当前约定的价格买入或者卖出相应的以碳配额或碳信用[⊖]为标的的远期合约。碳远期交易源于市场参与主体对自己所持有的碳资产保值或避险的需求。多头方（购买方）通过碳远期交易来规避碳价格上涨的风险，空头方（卖出方）通过碳远期交易来规避碳价格下降的风险。

假定一家控排企业预估在履约周期结束时，需要购买额外的碳配额，担心未来碳价格上涨，而另一家拥有碳配额资产的企业，担心未来碳价格下跌，双方即可在当下签订碳远期合约，提前确定未来碳配额的交割价格，锁定未来的成本和收益，对冲碳价格波动风险，实现碳资产保值。

2. 碳远期的特点

与一般远期合约类似，碳远期交易具有以下特点：

⊖ 碳信用指项目主体依据相关方法学，开发温室气体自愿减排项目，经过第三方的审定和核查，依据其实现的温室气体减排量化效果所获得签发的减排量。我国主要的碳信用为“国家核证自愿减排量”（CCER）；国际上主要的碳信用为《京都议定书》清洁发展机制（CDM）下的核证减排量（CER）。

1）远期交易免费进入，即在合约签订的时刻，合约的价值对双方来说都为零。

2）交易对象为现货商品。碳远期合约的交易对象为碳配额或碳信用。

3）合约条款非标准化，即不同的远期交易的成交金额、交割日期等条款都不相同。

4）交割价格预先确定。虽然实物交割在未来进行，但交割价格在合约签定时已确定。

5）双方都承担信用风险。碳远期合约的空头方承担在合约到期日向多头方提供合约标的物的义务；合约的多头方承担在合约到期日买入空头方提供的合约标的物的义务。

6）合约大多到期交割，远期交易既可以到期交割也可以提前出售，但因为合约条款非标准化，很难找到第三方愿意接受的已定条款的合约，因此二级市场不太发达，多数碳远期交易到期交割。这与绝大部分期货合约提前出售形成鲜明对比。

7）碳远期交易主要在场外进行，一般不在交易所中进行，通过场外交易市场对产品的交割价格、时间以及交割地点进行商讨。

3. 碳远期的损益

一般来讲，在合约到期时，对于远期合约多头方来讲，每 1 单位合约资产的收益为 S_T-K。这里 K 为合约的交割价格（Delivery Price）；S_T 为资产在合约到期时的市场价格。合约中的多头方必须以价格 K 买入价值为 S_T 的资产。同样，对于远期合约的空头方来讲，合约所带来的收益为 $K-S_T$。以上所列多头方和空头方的收益均可正可负，如图 6-1 所示。

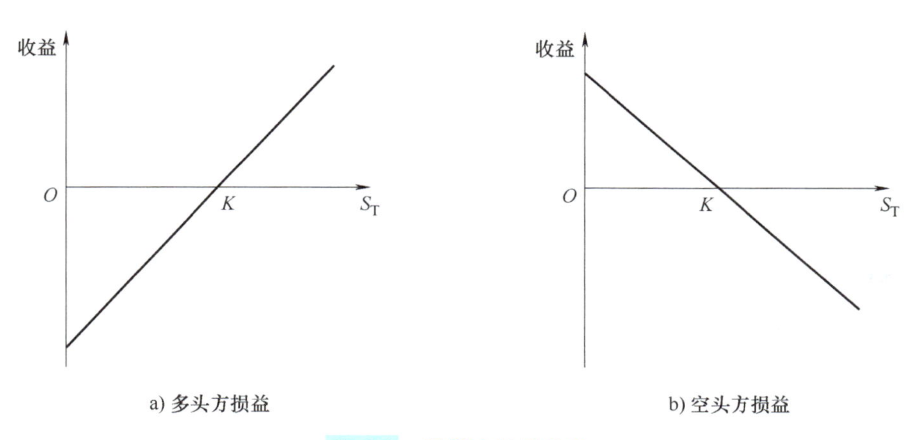

图 6-1　远期合约的收益

注：合约的交割价格 = K；资产在合约到期时的价格 = S_T。

以碳远期合约为例，假定一份合约对应的交易规模为 N t 碳排放权，合约规定的交割价格为 K 元/t。若合约到期时碳排放权的市场价格 S_T 元/t 高于合约规定的交割价格 K 元/t，那么碳远期合约的多头方将获得 $N(S_T-K)$ 元的收益，空头方则具有对应金额的损失；相反，若合约到期时碳排放权的市场价格 S_T 元/t 低于合约规定的交割价格 K 元/t，那么碳远期合约的多头方将具有 $N(S_T-K)$ 元的损失，空头方则获得对应金额的收益。

6.1.2　碳远期的交易机制

1. 碳远期合约的组成要素

碳远期合约的组成要素主要包括交易方、标的资产、报价单位、最小变动价位、到期时间、交割价格、交付方式等。

（1）交易方

碳远期合约的买方即多头，是按照合约规定，到期按合约约定的价格买进确定数量碳资产的一方；卖方即空头，是按照合约规定，到期按合约约定的价格卖出确定数量碳资产的一方。

（2）标的资产

碳远期合约的标的资产为碳配额或碳信用，如欧盟排放配额（EUA）、核证减排量（CER），我国不同试点地区碳排放配额或国家核证自愿减排量（CCER）等。

（3）报价单位

报价单位是指碳远期合约中约定的标的碳资产的结算价格的单位，即报价的货币单位。欧盟市场一般采用欧元作为报价单位，我国采用元为报价单位。

（4）最小变动价位

最小变动价位是指在碳远期合约中对最小的价格波动值所做的规定。远期交易中交易双方每次所报的价格必须为该最小变动价位的整数倍。

（5）到期时间

碳远期合约一般持有至约定的到期日进行实物交割；也有市场在双方同意的基础上，可以申请实物交割转现金交割。

（6）交割价格

碳远期合约的交割价格主要有固定定价和浮动定价两种方式。固定定价方式规定未来的交割价格不随市场变动而变化，以确定的价格交割碳排放权；浮动定价是在保底价基础上加上与配额价格挂钩的浮动价格。

（7）交付方式

在碳远期合约的到期日，交易双方按照合约的规定和程序，交付约定数量的资金和碳资产。

2. 碳远期的定价

（1）假设与符号

在这里，假定对于某些市场参与者而言，以下假设全部成立：

1）市场参与者进行交易时没有手续费。

2）市场参与者对所有交易净利润都使用同一税率。

3）市场参与者能够以同样的无风险利率借入和借出资金。

4）当套利[㊀]机会出现时，市场参与者会马上利用套利机会。

注意，并不要求这些条件对于所有的市场参与者均成立，只要求这些条件对像大型衍生品交易商这样的关键市场参与者成立或大致成立即可。正是因为这些关键市场参与者的交易行为及他们寻找套利机会的积极心态决定了远期价格与即期价格之间的关系。

一般采用以下符号：

T：碳远期合约的期限（以年计）；

S_0：碳远期合约中标的资产的当前价格；

㊀ 套利即无风险、无成本获利。

F_0：碳远期合约中标的资产的远期价格；

r：连续复利的无风险零息利率，这一利率的期限对应合约的交割日（即 T 年后）。国际衍生品市场参与者在传统上将 LIBOR 利率作为无风险利率的近似，国内通常以同期限国债收益率作为无风险利率的近似。

（2）碳资产的远期价格

假定一份碳远期合约，其中，标的资产碳排放权的当前价格为 S_0，并且不提供任何中间收入；T 为到期期限，r 为无风险利率；F_0 为碳排放权资产的远期价格。依据无套利定价原则，F_0 和 S_0 的关系如下：

$$F_0=S_0(1+r)^T \tag{6-1}$$

如果 $F_0>S_0(1+r)^T$，套利者可以买入碳资产并进入碳远期合约的空头进行套利；如果 $F_0<S_0(1+r)^T$，套利者可以卖空碳资产并进入碳远期合约的多头来进行套利。

碳远期合约多头与即期购买碳资产的结果都是在时间 T 拥有一份碳资产，但买入并在远期期限内持有碳资产会带来融资成本，因此，碳资产远期价格会高于碳资产即期价格。

（3）对碳远期合约定价

在刚刚进入碳远期合约时，其价值为 0；但在进入合约之后，碳远期合约的价值可能为正也可能为负。对于金融机构等市场主体来讲，每天计算这些合约的价值是非常重要的，这也叫对合约进行市场定价。

采用前面引入的变量，假定：K 是以前成交的碳远期合约中确定的交割价格；合约的交割日期是在从今日起 T 年之后；r 是期限为 T 年的无风险利率；F_0 表示当前时刻的碳资产远期价格，即在今天成交合约的交割价格。此外还定义 f 为碳远期合约今天的价值。

清楚地理解变量 F_0、K 和 f 的含义非常重要的。如果今天正好是碳远期合约的最初成交日，那么交割价格 K 等于远期价格 F_0，而且合约的价值 f 是 0；随着时间的推移，K 保持不变（因为它已经被合约确定），但远期价格 F_0 将会变动，而且远期合约的价值 f 可以或正或负。

对于碳远期合约的多头方，合约的价值可表示如下：

$$f=\frac{F_0-K}{(1+r)^T} \tag{6-2}$$

关于式（6-2），给出以下证明过程：构造一个组合，它包含两个合约：第一个合约为以远期价格 K 在时间 T 购买标的碳资产；第二个合约为以远期价格 F_0 在时间 T 卖出标的碳资产。组合中，第一个合约在时间 T 的收益为 S_T-K；第二个合约的收益为 F_0-S_T，总收益为 F_0-K。这个数值在今天是已知的，因此该组合是无风险的，在今天的价值等于在时间 T 所获得收益的贴现值，即$\frac{F_0-K}{(1+r)^T}$。因为 F_0 是今天进入碳远期合约时的远期价格，所以按交割价格 F_0 卖出碳资产的碳远期合约价值为 0。由此可见，具有交割价格 K 的合约（多头）在今天的价值为$\frac{F_0-K}{(1+r)^T}$。类似的，以执行价格 K 卖出碳资产的碳远期合约（空头）的价值为$\frac{K-F_0}{(1+r)^T}$。

【例 6-1】 一个碳配额上的远期合约多头是在以前成交的。这一碳远期合约还有 6 个月到期，无风险利率为（连续复利）为 2%，碳配额的价格为 100 元/t，碳远期合约的交割价格为 90 元/t。这时 $S_0=100$，$r=2\%$，$T=0.5$，$K=90$。由式（6-1）得出 6 个月的碳远期合约的远期价格 F_0：

$$F_0=[100\times(1+2\%)^{0.5}]\text{元}=101\text{元}$$

由式（6-2）可知，该碳远期合约的价值：

$$f=[(101-90)/(1+2\%)^{0.5}]\text{元}=10.89\text{元}$$

将式（6-1）和式（6-2）结合，可以得出碳远期合约多头价值：

$$f=S_0-\frac{K}{(1+r)^T} \tag{6-3}$$

碳远期合约空头价值：

$$f=\frac{K}{(1+r)^T}-S_0 \tag{6-4}$$

6.1.3 碳远期的应用案例

碳远期兴起于碳市场成熟和金融体系发达的国家和地区。EU ETS 2005 年建立伊始，欧盟碳市场上就出现了 EUA 远期合约产品。EUA 远期合约产品通常由交易双方协商确定远期合约内容，并通过场外方式进行交易，欧洲气候交易所（ECX）等专业交易所不直接介入交易。碳远期在国际市场上的碳配额和核证减排量交易中运用十分广泛，相关交易操作已较为成熟。

我国碳远期交易自 2016 年起从地方碳市场开始起步，先后在湖北碳排放权交易中心、上海环境能源交易所和广州碳排放权交易所开展试点。其中，广州碳排放权交易所提供了定制化程度高、要素设计相对自由、合约不可转让的远期交易；湖北、上海碳市场则提供了具有合约标准化、可转让特点的碳远期交易产品。我国的全国碳市场虽然于 2021 年启动，但截至 2024 年 6 月，全国碳市场上尚未出现碳远期产品交易。由于成交量低、价格波动等原因，湖北碳排放权交易中心已暂停相关业务，目前，仅上海环境能源交易所和广州碳排放权交易所有碳远期产品。下面以上海碳市场远期交易为例进行介绍。

上海碳配额远期是以上海碳排放配额为标的、以人民币计价和交易的，在约定的未来某一日期清算、结算的远期协议。2017 年 1 月上海碳配额远期产品上线，以上海碳配额为标的，上海环境能源交易所（简称上海环交所）为上海碳配额远期提供交易平台，组织报价和交易，上海清算所为上海碳配额远期交易提供中央对手清算服务，进行合约替代并承担担保履约的责任。

1. 交易时间与交易参与人

（1）交易时间

上海碳配额远期的交易时间为每周一至周五 10:30 至 15:00（国家法定节假日及上海环交所公告休市日除外）。交易时间内因故停市的，交易时间不做顺延。

（2）交易参与人

纳入上海市碳配额管理的单位及符合《上海环境能源交易所碳排放交易机构投资者适当性制度实施办法（试行）》有关规定的企业法人或者其他经济组织，均可以申请参与上海碳配额远期交易。

（3）账户开立

交易参与人参与上海碳配额远期交易前应完成如下准备工作：

1）应与上海环交所签订上海碳配额远期交易协议书及风险揭示书，同时在上海环交所开立上海碳配额远期交易账户。

2）应在上海碳排放登记注册系统开立配额账户。

3）应选择上海清算所清算会员，并与其签订清算协议及风险提示书，开立保证金账户和资金结算账户。

2. 报价与交易

交易参与人通过上海环交所远期交易系统进行报价和交易。

（1）交易方式

上海碳配额远期交易采用询价交易方式。询价交易方式是指交易双方自行协商确定产品号、协议号、交易价格及交易数量的交易方式，包括报价、议价和确认成交三个步骤。

（2）保证金

交易参与人在报价前应在上海清算所清算会员开立的其保证金账户足额缴纳保证金。

（3）报价要素

上海碳配额远期交易报价必须要素齐全，包括但不限于产品号、协议号、买卖方向、数量、价格等。

（4）报价方式

在询价交易方式下，报价可以向所有交易参与人发出，也可以向特定交易参与人发出。报价方式包括对话报价、点击成交报价等。

对话报价是指交易参与人与交易对手方直接通过对话议价达成成交申请。

点击成交报价是指交易参与人就某一协议报出买入或卖出价格及数量的报价，经交易对手方点击该报价后形成的成交申请。

交易参与人可以根据需求选择报价方式。

（5）报价的有效期

报价在一个交易日内有效，成交前可以在报价阶段进行撤销。撤单指令只对原报价未成交部分有效，若该笔报价已全部成交，则该指令无效。在交易暂停期间，远期交易系统不接受任何报价或撤销报价指令。

（6）申请确认成交

交易参与人通过询价，就报价要素达成一致后可向上海环交所远期交易系统提交确认成交的请求。符合规定并通过上海清算所风控检查的上海碳配额远期交易，远期交易系统向交易参与人反馈成交结果。

（7）每日结算价格

上海环交所于每一交易日开市前发布各协议上一交易日的每日结算价格。

每日结算价格是上海清算所基于当日各协议成交价格及报价团的报价进行编制并发布的远期价格。

（8）成交量

交易行情中的成交量是指各协议在当日交易期间成交的双边数量。

3. 清算与交割

1）清算机构和清算模式。上海清算所为在上海环交所达成的上海碳配额远期交易提供中央对手清算服务。

2）交割方式。上海碳配额远期交易采用实物交割和现金交割两种交割方式。

在规定时间内，交易参与人可以根据本规则及上海清算所相关规定提出实物交割转现金交割申请。申请通过的，交易参与人的实物交割头寸将被转为现金交割头寸。

实物交割是指交易双方在最终结算日，以货款对付为原则，按照最终结算价格进行资金结算与实物交割。实物交割品种是指可用于到期协议所在年度履约的上海碳排放配额。上海清算所应根据碳配额交割情况向上海环交所提供交割清单，上海环交所据此交割清单进行相应的碳配额划转，并通知上海市碳排放配额登记注册系统完成碳配额登记变更。

现金交割是指交易双方在最终结算日，按照最终结算价格进行现金差额结算。

4. 风险管理

（1）清算风险管理制度

上海清算所负责制定实施清算业务相关的风险管理制度，主要包括清算限额、持仓限额、保证金、日间容忍度、实时监控、强行平仓、多边净额终止、交割终止分配、清算基金、风险准备金等。

（2）交易风险管理措施

在交易过程中出现以下情形之一的，上海环交所可以单独或者同时采取暂停相关交易参与人交易、要求相关交易参与人报告情况、谈话提醒、发布风险警示等措施：

1）以自己或涉嫌存在实际控制关系的交易参与人为交易对象，大量或者多次进行交易。

2）两个或者两个以上涉嫌存在实际控制关系的交易参与人合并持仓超过持仓限额规定。

3）某一个交易参与方大量或者多次进行高买低卖交易。

4）上海环交所认定的其他对市场交易产生重要影响的情形。

异常情况处理：因不可抗力等不可归责于上海环交所的原因导致部分或全部交易无法正常进行，或上海环交所认为有必要时，可以采取调整开市时间、暂停交易等紧急措施。

表 6-1 总结了上海碳配额远期协议的基本要素。

表 6-1　上海碳配额远期协议的基本要素[⊖]

产品种类	上海碳配额远期
协议名称	上海碳配额远期协议
协议简称	SHEAF
协议规模	100t
报价单位	元人民币/t
最低价格波幅	0.01 元/t

⊖ 资料来源：上海环境能源交易所。

（续）

产品种类	上海碳配额远期
协议数量	为交易单位的整数倍，交易单位为“个”
协议期限	当月起，未来 1 年的 2 月、5 月、8 月、11 月月度协议
交易时间	交易日 10:30 至 15:00（北京时间）
最后交易日	到期月倒数第 5 个工作日
最终结算日	最后交易日后第 1 个工作日
每日结算价格	根据上海清算所发布的远期价格确定
最终结算价格	最后 5 个交易日每日结算价格的算术平均值
交割方式	实物交割/现金交割
交割品种	可用于到期月度协议所在碳配额清缴周期清缴的碳配额
备注	1. 上海环交所可根据市场发展需要，与上海清算所协商一致后适时调整协议要素 2. 最大申报数量不能超过上海清算所设定的头寸限额参考值 3. 交易时间即为上海清算所成交数据接收时间 4. 若当月不满 5 个交易日，则最终结算价格为该月所有交易日每日结算价格的算术平均值

6.2 碳期货

6.2.1 碳期货概述

1. 碳期货的概念

碳期货的概念界定

期货（Future Goods）是相对现货（Spot Goods）而言的。现货是可以立即交割的“货”，这里的“货”既可以是某种大宗商品（如原油、铁矿石、大豆、棉花等），也可以是某种金融资产（如股票、债券等）；期货是只能在未来某一时间才能交割的“货”，如尚未成熟甚至尚未种植的农作物、尚未开发出来的矿产资源或者尚未拥有的股票和债券等。

买卖期货的标准化合同称为期货合约（Futures Contracts）。在证券市场上，期货合约通常简称期货（Futures）。证券市场上所说的期货实际上不是“货”，而是一种标准化的可交易合约。

碳期货（Carbon Futures）通常是指碳期货合约，是期货交易场所统一制定的、规定在将来某一特定时间和地点交割一定数量的碳配额或碳信用的标准化合约。标准化合约的基本要素包括合约规模、保证金制度、报价单位、最小交易规模、波动幅度、合约到期日、结算方式、清算方式等。

与碳远期合约一样，在碳期货合约中，同意在将来某一时刻以约定价格买入资产的一方被称为持有多头寸（Long Position，简称多头）；另外一方同意在将来某一时刻以同一约定价格卖出资产，被称为持有空头寸（Short Position，简称空头）。多头头寸在交割日购买碳资产，空头头寸在合约到期日出售碳资产。多头是合约的“买方”，空头是合约的“卖方”。在这里，买与卖只是一种说法，因为合约并没有像股票或债券那样进行买卖；它只是双方之间的一个协议，在合同签订时，资金并没有易手。

碳期货实质上是将碳配额或碳信用交易与期货交易相结合的碳金融衍生品。碳期货是碳交易产品体系的重要组成部分，它能够满足控排企业等市场主体管理碳价波动风险的需求，提高碳期货和现货市场整体运行质量。对于控排企业和其他碳资产投资者来说，碳期货可以起到套期保值、规避现货交易中价格波动所带来风险的作用；对于碳市场来说，碳期货交易可以弥合碳市场信息不对称情况，增加市场流动性，并通过碳期货价格变动来指导碳配额或碳信用等碳现货的价格。

2. 碳期货的特点

碳期货本质上是一种标准化的碳远期合约。碳期货与碳远期的相同点是：与即期现货交易相比，都可以帮助供求双方提前锁定未来交易价格。供给方可以据此专心组织供给，需求方可以据此专心筹措资金、组织生产，供需双方面临的市场风险都会减少。

同时，碳期货与碳远期存在以下不同之处：

（1）交易场所不同

碳期货在交易所内集中进行；而碳远期多在场外分散进行。

（2）价格机制不同

碳期货的价格形成过程中参与者较多，价格相对公开透明；碳远期的价格由买卖双方谈判达成，价格的形成过程中参与者较少，依赖于双方对未来价格的预测，价格形成的透明度相对较低。

（3）合约规范性不同

碳期货是交易所统一制定的标准化合约，其中，合约规模、保证金制度、报价单位、最小交易规模、波动幅度、合约到期日、结算方式、清算方式等均是标准化的；碳远期是非标准化合约，需要买卖双方进行谈判，价格、数量、交割时间均由双方协定，每笔业务的具体条款都需要具体磋商。

（4）交易风险不同

碳期货是在严格监管的场内交易，且有保证金制度作为背书，因此信用风险较小；碳远期以场外交易为主，且最终主要以实物交割，因此对对手方的信用风险审查比较重要，存在着较大的信用风险。

（5）保证金制度不同

碳期货合约交易保证金比例由交易所统一规定，交易双方均需缴纳；碳远期合约的保证金是否缴纳、缴纳多少，一般由交易双方自行协商。

（6）履约方式不同

碳期货合约具备对冲机制，实物交割比例较小；而碳远期合约未经双方一致同意，必须采取实物交割。

6.2.2 碳期货的交易机制

1. 碳期货合约的组成要素

(1) 交易品种名称与代码

碳期货合约的交易品种目前主要是碳排放配额(Emission Allowance,EA)和核证减排量(Certified Emission Reduction,CER)两种,品种名称与联合国清洁发展机制在术语规范上保持严格一致,称为碳排放配额期货和核证减排量期货。例如,EUA 期货是目前最早的碳期货产品,由欧洲气候交易所(ECX)于2005年和碳期权产品同时推出的。EUA 期货是以 EU ETS 下签发的碳排放配额为标的。

(2) 交易单位

交易单位即每张碳期货合约交易的碳资产的数量。期货合约一般以"手"为交易单位,每手合约表示的现货数量因品种差异而有所不同。国际主要碳期货交易所大多以"1000个二氧化碳排放配额/手"为交易单位。目前我国还没有推出碳期货产品,若从与国际接轨的角度来看,将来碳期货交易单位也可设计为"1000个二氧化碳排放配额/手"和"1000个二氧化碳核证减排放量/手"。

(3) 报价单位

报价单位即每计量单位的货币价格。碳期货是在期货交易所交易的,因而碳期货合约采用的报价单位一般根据交易所的属地来确定。例如,EUA 期货的报价单位是"欧元/t",芝加哥气候期货交易所报价单位为"美元/t"。

(4) 最小变动价位

最小变动价位是指碳期货合约每次变动报价的最小幅度。国际上各交易所的最小变动价位分别是欧洲气候交易所0.01欧元/t、芝加哥气候期货交易所0.01美元/t、纳斯达克商品事业部0.01欧元/t、印度泛商品交易所0.5卢比/t。

(5) 涨跌停板制度

涨跌停板制度可以平抑期货价格短期的急剧变化,是保障投资者收益安全和期货市场平稳的关键。国际上目前欧美碳期货没有涨跌停板限制,印度则执行了日内4%、6%和9%的阶梯式限制。

(6) 合约交割月份

碳期货合约并不是每个月都可以交割,通常会在合约中做具体规定。国际上合约交割月份大都以3个月作为间隔,如印度泛商品交易所核证减排量期货的合约交割月份设定为2月、5月、8月和11月,而欧洲气候交易所、芝加哥气候期货交易所、纳斯达克商品事业部的合约交割月份都是3月、6月、9月和12月。在一般的期货交易中也存在交割月份按月计算。

(7) 最后交易日和交割日期

最后交易日是指碳期货合约的最后交易日,超过最后交易日未平仓的期货合约,就必须进行交割。欧美交易所普遍将最后交易日设计成交割月的最后一个星期一(如果该日是非交易日,那么最后交易日为上一个星期一),印度泛商品交易所则把交割月的25日作为最后交易日（如果该日是非交易日，那么最后交易日为上一个交易日）。

（8）交割方式

碳期货交割主要有两种交割方式：实物交割和现金交割。已经签署《京都议定书》的发达国家都有国家级的排放贸易登记处，因此欧美的同类期货交割最终以在官方排放贸易登记处的核证减排量“过户”为标记，交易所仍然扮演买卖双方履约对手的角色，印度商品交易所的交割设计也基本遵守了这个逻辑。现金交割是指对到期未平仓的碳期货合约，以结算价计算盈亏，用现金支付进行交割。

（9）最低交易保证金

期货交易实行保证金制度，使用少量的保证金就可以买入或卖空价值数倍的期货合约。与涨跌停板制度的作用类似，保证金制度的设计安排也是为了管控风险。最低交易保证金有比例保证金和定额保证金两种形式。欧美碳期货交易往往采用定额保证金的形式。例如，绿色交易所投机客户的开仓保证金是743欧元，维持保证金是675欧元；套期保值客户的开仓保证金和维持保证金均为675欧元。

（10）交易模式

国际主要交易所的碳期货均采用T+0的交易模式，也就是当日买卖的合约均可在当日平仓。我国的其他期货品种也是T+0模式，以利于投资者遇到突发行情可迅速止盈或止损。

2. 碳期货的交易制度

（1）清算所制度

清算所在碳期货交易中扮演重要角色。碳期货合约买卖交易一旦达成，就轮到清算所出场了。多空双方并不彼此持有合约，而是由清算所作为多头的卖方和空头的买方。清算所有义务交割碳资产给多头并付钱给空头取得碳资产。结果是清算所的净头寸为零。这种机制使清算所既是多头的交易对手，也是空头的交易对手。由于清算所必须执行买卖合约，所以任何交易者的违约行为导致的损失只会由清算所来承担。这种机制是必要的，因为碳期货是在将来进行交易，不像即期的现货交易那样容易得到保证。

图6-2阐述了清算所的作用。其中，图a显示在没有清算所的情况下，多头有义务按照期货价格付款给空头，空头则必须交割商品。图b显示了清算所如何充当中介的，可见清算所充当了多、空双方的交易对手，在每次交易中既是多头也是空头，保持中立立场。

清算所可使交易者很容易地清算头寸。如果你是一个碳期货合约的多头并想了结头寸，只需通知你的经纪人卖出平仓就可以了。这称作反向交易。交易所对你的多头与空头进行抵消，使得你的净头寸为零。零头寸使你在合约到期日既不需要履行多头的义务，也不需要履行空头的义务。

（2）保证金制度与盯市

一个在时间0买入、在时间t平仓的多头，它的利润或损失就是期货价格在这段时间的变化量F_t-F_0；而空头与之相反，为F_0-F_t。

对交易者的盈亏及时进行计算的过程称为盯市。碳期货交易最初开新仓时，每个交易者都需建立一个保证金账户，保证交易者能履行合约义务。由于期货合约双方都可能遭受损失，因此双方必须都缴纳保证金。开仓时要求缴纳的保证金也叫初始保证金，一般是合约价值的 5%～15%。标的资产价格变化越大，所要求的保证金就越多。

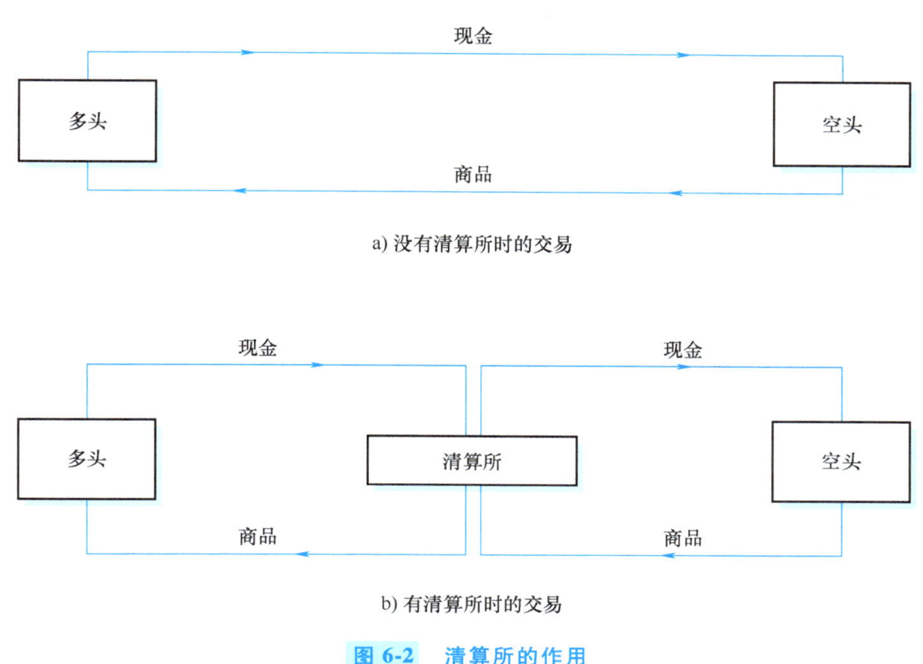

图 6-2　清算所的作用

期货合约交易的任一天，期货价格都可能升或降。交易者并不是等到到期日才结算盈亏，清算所要求所有头寸每日都结算盈亏。如果期货价格上升，清算所则贷记多头保证金账户，并从空头保证金账户取出等额的钱存入多头保证金账户。

这种每日结算就是所谓的盯市（Marking to Market）。它意味着并不是合约到期日才能实现全部的盈亏。盯市保证了随着期货价格的变化所实现的盈亏立即进入保证金账户。

除了合约标准化以外，盯市也是碳期货与碳远期交易的主要区别。碳期货采取随时结算盈亏的方法，而碳远期则一直持有到到期日，在到期日之前，尽管合约也可以交易，但没有资金的转移。

如果盯市的结果是某交易者连续亏损，其保证金账户可能降至某关键值之下，这个关键值称为维持保证金（Maintenance Margin）。一旦保证金账户余额少于维持保证金，交易者就会收到补交保证金的通知。保证金制度和保证金催付程序可以保护清算所的头寸。在保证金耗尽前，交易者头寸会被平仓。交易者亏损不会超过其所缴纳的保证金总额，这样清算所就不会承担风险。

在合约到期日，碳期货价格应该等于现货价格。因为到期合约需要立即交割，所以当天的期货价格必然等于现货价格。在自由竞争市场中，从这两个相互竞争渠道来的同一商品的成本是相等的，因此，可以在现货市场上购买该商品，也可以在期货市场上做多得到该商品。

从期货与现货市场两种渠道获得商品的价格必须是一致的，否则投资者就会从价格较低的市场购买该商品，然后在价格较高的市场出售。因此，在到期日，期货价格与现货价格一致，这就是收敛性。

对一个期初（时间 0）做多头并持有至到期日（时间 T）的投资者来说，每日结算的总和是 F_T-F_0，F_T 代表合约到期日的期货价格。由收敛性可知，到期日的期货价格 F_T 等于现货价格 P_T，所以期货总盈亏可以表示为 P_T-F_0。一个持有至到期日的期货合约的利润很好地追踪了标的资产价值的变化。

3. 碳期货的市场策略

套期保值与投机是碳期货市场两个相反的策略。套期保值是为了规避碳资产价格波动带来的风险；而投机者则利用碳期货合约从价格变化中获利。

（1）套期保值

套期保值者参与碳期货交易的目的并不是谋利，而是通过碳期货交易中的盈亏变动来补偿风险损失，弥补碳现货市场的亏损。由于碳期货产品和碳现货产品的价格受到相同因素的影响，价格走势基本一致，在碳期货合约临近到期时，碳期货价格和碳现货价格趋于相同。因此，在期货市场与现货市场中进行方向相反、数量相同、时间接近的头寸配置可以达到消除风险、资产保值的目的。

套期保值者利用碳期货来保护头寸不受碳资产价格波动的影响。例如，一家控排企业准备将来出售未使用的碳配额，预计将来碳配额市场将出现价格波动，并想保护其收入不受价格波动影响。为了对销售收入进行保值，该企业可以选择在碳期货市场做空，卖出碳期货。以下将举例说明套期保值锁定了其总收益（即碳配额销售收入加上碳期货头寸产生的利润）。

【例 6-2】 利用碳期货套期保值

控排企业预计明年 5 月要出售 1000t 碳配额，担心到时候价格下跌。此时期货市场上正好有明年 5 月交割的碳配额期货合约，期货价格 F_0 为 90 元/t，合约规模为 100t/份。该企业可在期货市场进行套期保值的操作（即卖出 10 份碳配额期货合约），来规避碳配额价格未来可能下跌带来的损失。

为了便于说明，假定明年 5 月交割时的碳配额期货合约仅有 3 个可能的价格，80 元/t、90 元/t 和 100 元/t。碳配额的销售收入是碳配额价格的 1000 倍。每份碳配额期货合约的收益是期货价格跌幅的 100 倍。收敛性保证了最终碳配额期货价格等于现货价格。因此，10 份期货合约的盈利为（F_0-P_T）的 1000 倍，P_T 是交割日的碳配额价格，F_0 是初始的期货价格，即 90 元/t。

考虑该企业所有的头寸，明年 5 月的总收益情况计算见表 6-2。

表 6-2　企业明年 5 月的总收益情况　（单位：元）

5 月的碳配额价格：P_T	80	90	100
销售碳配额的收入：1000 * P_T	80000	90000	100000

（续）

+碳期货合约的利润：1000 * (F_0-P_T)	10000	0	-10000
总收益	90000	90000	90000

碳配额到期日的价格加上碳期货合约的单位盈亏等于现在的期货价格 90 元/t。碳期货头寸的盈亏恰好抵消碳配额价格的变化。例如，如果碳配额价格跌至 80 元/t，碳期货合约空头头寸产生 10000 元的收益，足以保证总收益稳定在 90000 元。总收益与企业以现在的期货价格卖出碳配额获得的总收益相同。

（2）投机

如果投机者认为碳配额期货价格未来将上涨，他们会选择做多来获取预期利润；反之，如果认为价格会下跌，他们则选择做空。

【例 6-3】 利用碳期货投机

假设你认为未来碳配额价格会上涨，并决定购买一份碳期货合约，每份合约要求交割 100t 碳配额。明年 5 月交割的碳配额期货合约目前的价格为 90 元/t。碳配额 5 月期货合约每上涨 1 元，多头盈利增加 100 元，而空头则亏损相应金额。

相反，如果你认为未来碳配额价格会下降，并卖出一份碳配额期货合约。如果碳配额价格的确下跌了，那么碳配额价格每下跌 1 元，你的盈利增加 100 元。

如果碳配额价格在合约到期日为 100 元/t，较开始时的期货价格上涨了 10 元，多头每份合约获利 1000 元，空头每份合约亏损相等的金额；相反，如果碳配额价格下跌至 80 元/t，多头就会亏损，而空头每份合约获利 1000 元。

投机者为什么选择购买碳配额期货合约，而不是直接购买碳配额呢？原因之一是期货市场的交易费用比较低；另一个重要的原因是期货交易的杠杆效应。期货合约要求交易者仅提供比合约标的资产价值少得多的保证金。因此与现货相比，期货保证金制度使投机者得到更大的杠杆作用。

【例 6-4】 碳期货与杠杆效应

假设初始保证金要求是碳期货合约价值的 10%。目前碳配额期货价格是 90 元/t，且合约规模是每份合约 100t，则初始保证金需（10% * 90 * 100）元 = 900 元。碳配额价格上涨 2 元，涨幅 2.22%，每份合约多头盈利 200 元，相当于初始保证金 900 元的 22.2%。这个比例是碳配额价格上涨幅度的 10 倍。由于合约保证金只有对应资产价值的 1/10，该比例产生了期货头寸固有的 10 倍杠杆效应。

6.2.3 碳期货的应用案例[⊖]

目前国际上主流的碳期货主要包括欧洲气候交易所碳金融合约（ECX CFI）、欧盟碳排放配额期货（EUA Futures）、核证减排量期货（CER Futures），以及可在美国洲际交易所（ICE）进行交易的英国碳配额（UK Allowances）、加州碳配额（CCA）和区域温室气体

⊖ 案例资料来源：中国节能协会碳中和专业委员会。

倡议配额（RGGI Allowances）等。表 6-3 展示了 EUA 期货合约的相关内容。

表 6-3 EUA 期货合约

期货合约要素	期货合约要素内容
交易品种	欧盟碳排放配额（EUA）
交易单位	1000 个二氧化碳排放配额/手
报价单位	欧元/t
最小变动价位	0.01 欧元/t
每日价格最大波动限制	不限制
合约交割月份	大多在季月，即 3、6、9、12 月
交易时间	遵循当地交易所交易时间
最后交易日	在合约交割月份的最后一个星期一
交割日	最后交易日后 3 天
交易模式	T+0
最低交易保证金	遵循交易所规定
交割方式	实物交割
交易代码	C

注：1 单位 EUA 等于 $1tCO_2e$，即可以排放 1t（当量）CO_2。

自 2005 年 4 月推出以来，EUA 期货买卖量和交易额始终保持快速增长势头，已成为欧盟碳市场上的主流产品。截至 EU ETS 第二阶段，在全部 EUA 的交易中，碳期货交易量占比超 85%，而场内交易中其交易量更是达到总交易量的 91.2%。2015 年，EU ETS 期货交易量达到现货的 30 倍以上。2018 年，EUA 期货成交量达到 77.6 亿 t，成交额从 2017 年同期的约 50 亿美元大幅跃升至 2018 年一季度的约 250 亿美元，市场前景广阔。2007 年，欧盟碳市场供过于求，导致现货价格锐减，但是碳期货始终保持稳定状态，并带动现货价格逐渐趋稳，在一定程度上支撑市场渡过了难关。目前碳期货已成为欧盟碳市场的主流产品。

目前碳期货在我国并未开展实质性交易。尽管国家发改委和财政部联合中国人民银行、中国证监会等金融监管机构，在 2016 年发布的《关于构建绿色金融体系的指导意见》就已经提出要“探索研究碳排放权期货交易”，但我国碳市场上的碳期货产品和交易并未释出。直到 2021 年 5 月，中国证监会批准了广州期货交易所（简称广期所）两年期品种计划，明确将包括碳排放权等 16 个期货品种交由广期所研发上市，碳期货在我国才算正式迈开了脚步，但离真正开展碳期货交易仍有一段距离。

由于碳配额的获取和清缴履约存在时滞性，我国碳市场对碳期货具有显著的需求。而我国期货市场经历了一段时间的发展，积累了比较充分的经验，有助于符合市场需求的碳期货产品的设计。同时，国际市场碳期货交易的实践经验也可以为我国碳期货交易规则的制定提供借鉴。相信不久的将来，我国的碳期货产品推出后，也可能成为中国碳市场的主力交易工具。

6.3 碳期权

6.3.1 碳期权概述

1. 碳期权的概念

碳期权（Carbon Options）指期货交易所统一制定的、规定买方有权在将来某一时间以特定价格买入或卖出碳配额或碳信用（包括碳期货合约）的标准化合约。与传统的期权合约不同，现存的碳期权实际是碳期货期权，即碳期货基础上产生的一种碳金融衍生品。碳期权的价格依赖于碳期货价格，而碳期货价格又与基础碳资产的价格密切相关。

碳期权是一种选择权。碳期权合约的买方在支付权利金后，便取得了在该项期权规定的时间内按照事先确定好的执行价格，买入或卖出一定数量碳期货合约的权利，买方可以实施该权利，也可以放弃该权利，而不必承担义务；碳期权合约的卖方在收取了买方支付的权利金后，在期权合约规定的特定时间内，只要期权买方要求执行期权，卖方必须按照事先确定的执行价格向买方买进或卖出一定数量的碳期货合约。

2. 碳期权的特点

碳期权合约的基础资产是碳期货合约，碳期货价格与碳期权价格的波动一致，具有“涨时同涨、落时同落”的特征。下面进一步从碳期权与碳期货的区别来分析碳期权的特点。

总体上看，碳期权与碳期货有以下不同之处：

（1）标的物不同

碳期货合约的标的物是碳配额或碳信用；而碳期权合约的标的物是碳期货合约的买卖权利。碳期货合约的买方所获得的是未来某一时刻按照约定的价格购买碳配额或碳信用；而碳期权合约的买方获得的是未来某一时刻按照约定价格购买或卖出碳期货的权利。

（2）投资者权利与义务的对称性不同

碳期权是单向合约，碳期权的买方在支付权利金后即取得行使或者不行使买卖碳期货合约的权利，而不必承担义务；碳期货合约是双向合约，交易双方都要承担期货合约到期交割的义务，如果不愿实际交割，则必须在有效期内将头寸对冲。

（3）履约保证不同

碳期货合约的买卖双方都要缴纳一定数额的履约保证金，并需根据价格波动，实时调整金额；而在碳期权交易中，买方只需要支付给卖方权利金，不需缴纳履约保证金，卖方获得权利金后，需缴纳履约保证金，为其履行期权合约做担保。

（4）现金流转不同

在碳期权交易中，买方要向卖方支付权利金，这是期权的价格，为碳期货合约价格的5%～10%；碳期权合约可以流通，其价格根据碳期货合约市场价格的变化而变化。在碳期货交易中，买卖双方都要缴纳合约面值 5%～15%的初始保证金，在交易期间还要根据价格变动对亏损方收取追加保证金，盈利方则可提取多余保证金。

（5）盈亏特点不同

碳期权买方的收益随碳期货市场价格的变化而波动，是不固定的，其亏损则只限于购买期权的权利金；卖方的收益只是出售期权的权利金，其亏损则是不固定的。碳期货的交易双方则都可能面临无限的盈利和无止境的亏损。

6.3.2 碳期权的交易机制

1. 碳期权合约的组成要素

碳期权合约是一种标准化合约。除了碳期权的价格是在市场上公开竞价形成的，合约的其他条款都是事先规定好的，具有普遍性和统一性。

碳期权合约主要有三项要素：权利金、执行价格和合约到期日。

（1）权利金

权利金（Premium）又称期权费，是期权的价格。权利金是碳期权合约中唯一的变量，是由买卖双方在期权市场公开竞价形成的，是期权的买方为获取期权合约所赋予的权利而必须支付给卖方的费用。对于碳期权的买方来说，权利金是其损失的最高限度；对于碳期权的卖方来说，权利金也是其最大收益。

（2）执行价格

执行价格是指碳期权的买方行使权利时事先规定的买卖价格。执行价格确定后，在碳期权合约规定的期限内，无论价格怎样波动，只要碳期权的买方要求执行该期权，碳期权的卖方就必须以此价格履行义务。

（3）合约到期日

合约到期日是指碳期权合约必须履行的最后日期。美式期权（American Option）允许期权持有人在期权到期日或之前任何时点行使买入或卖出标的资产的权利。欧式期权（European Option）规定持有者只能在到期日当天行权。

2. 碳期权的分类

依据权利方向、行权时间和内在价值等因素，碳期权可分为不同的类型。

（1）看涨期权与看跌期权

依据权利类型不同，碳期权可分为看涨期权（Call Option）和看跌期权（Put Option）。看涨期权赋予期权持有者在到期日或之前以特定的价格（称为执行价格（Exercise Price 或 Strike Price））购买碳期货合约的权利。看跌期权赋予期权持有者在到期日或之前以事先确定好的执行价格卖出碳期货合约的权利，即看涨期权赋予期权持有者买入标的资产的权利，看跌期权赋予期权持有者卖出标的资产的权利。

（2）美式期权与欧式期权

依据行权时间不同，碳期权可分为美式期权（American Option）和欧式期权（European Option）。美式期权允许持有人在期权到期日或之前任何时点行使买入（如果是看涨期权）或卖出（如果是看跌期权）碳期货合约的权利。欧式期权规定持有者只能在到期日当天行权。美式期权比欧式期权更灵活，所以一般来说交易量更大、价值更高。

（3）实值期权、虚值期权、平价期权

依据期权的内在价值不同，碳期权可分为实值期权（in the money）、虚值期权（out of the money）和平价期权（at the money）。

若期权持有者执行期权能够获得利润，称此期权为实值期权；若执行期权无利可图，称此期权为虚值期权。当执行价格低于当时的市场价格时，看涨期权为实值期权；当执行价格高于当时的市场价格时，看涨期权为虚值期权，没有人会行权，以执行价格购买价值低于执行价格的资产。相反，当执行价格高于当时的市场价格时，看跌期权是实值期权，因为期权持有者以更高的执行价格出售低值资产。当执行价格等于当时的市场价格时，期权称为平价期权。执行价格、市场价格与期权类型之间的关系见表 6-4。

表 6-4　执行价格、市场价格与期权类型之间的关系

期权类型	看涨期权	看跌期权
实值期权	执行价格<市场价格	执行价格>执行价格
虚值期权	执行价格>市场价格	执行价格<市场价格
平价期权	执行价格=市场价格	执行价格=市场价格

3. 碳期权的交易策略

将具有不同执行价格的看涨期权和看跌期权进行组合，会得到无数种收益结构。下面选择三种常见的碳期权交易策略进行介绍。

（1）保护性看跌期权策略

假设投资人想进入碳期货市场，想购买碳期货合约，但又不愿承担超过一定水平的潜在风险，那么仅仅购买碳期货合约对该投资人是有风险的，因为理论上他可能会损失所投资的钱。此时，投资人可以考虑在购买碳期货合约的同时，也购买一份碳期货合约的看跌期权。

表 6-5 给出了他的资产组合的总价值：不管碳期货价格如何变化，他肯定能够在到期时得到一笔至少等于期权执行价格的收益，因为看跌期权赋予他以执行价格卖出碳期货的权利。其中，S_T 为到期日的碳期货价格，X 为看跌期权的执行价格。

表 6-5　到期日保护性看跌期权策略价值

市场价格与执行价格比较	$S_T \leq X$	$S_T > X$
碳期货	S_T	S_T
+看跌期权	$X-S_T$	0
总计	X	S_T

【例 6-5】 保护性看跌期权策略

假定碳期权合约中的执行价格 $X=100$ 欧元，碳期权到期时碳期货价格为 97 欧元。该投资人的投资组合的总价值为 100 欧元，其中碳期货价值 97 欧元，看跌期权到期时的价值为 $X-S_T=(100-97)$ 欧元 $=3$ 欧元。换个角度看，投资人既持有碳期货，又持有它的看跌期权，该期权赋予他以 100 欧元卖出碳期货的权利。因此，资产组合的最小价值锁定在 100 欧元。

另一方面，如果碳期货价格超过100欧元，比如105欧元，于是以100欧元卖出碳期货的权利就不再有价值，投资人不用在到期时执行期权，可以继续持有价值105欧元的碳期货。

保护性看跌期权（Protective Put）策略提供了针对碳期货价格下跌的保护，限制了损失。因此，保护性看跌期权也是一种资产组合保险，而保护的成本是购买期权时的权利金，因为一旦碳期货价格上升，购买期权的成本会带来利润的减少，此时是不需要购买期权的。

（2）抛补看涨期权策略

抛补看涨期权（Covered Call）的头寸就是买入碳期货的同时卖出它的看涨期权。这种头寸又被称为“抛补的”，是因为将来交割碳期货的潜在义务正好被资产组合中的碳期货所抵消。在看涨期权到期时，抛补看涨期权策略的价值等于碳期货价值减去看涨期权的价值，见表6-6。

表6-6　到期日抛补看涨期权策略价值

市场价格与执行价格比较	$S_T \leqslant X$	$S_T > X$
碳期货	S_T	S_T
+卖出看涨期权损益	0	$-(S_T - X)$
总计	S_T	X

【例6-6】 抛补看涨期权策略

假设某投资人购买了1份碳期货合约，合约规模为1000个二氧化碳排放配额。已知目前碳期货价格为50欧元/t。如果碳期货价格升至60欧元/t，该投资人愿意卖出这份碳期货合约，并且30天后到期、执行价格为60欧元/t的该期货合约看涨期权的价格为5000欧元。卖出一份碳期货看涨期权，可以获得5000欧元的额外收入。当然，如果碳期货价格超过60欧元，该投资人就会损失超过60欧元的那部分利润。但是，既然他愿意在60欧元卖出碳期货合约，那么损失的那部分利润本来就没有可能实现。

实践中，抛补看涨期权策略是机构投资者的常用策略。比如大量投资于股票的基金管理人，他们很乐意通过卖出部分或者全部股票的看涨期权获取权利金来提高收入。尽管股票价格高于执行价格时他们会丧失潜在的资本利得，但是如果他们认为X就是他们计划卖出股票的价格，那么抛补看涨期权可以被看作一种“卖出规则”。这种策略能够保证以计划的价格卖出标的资产。

（3）跨式期权策略

买入跨式期权（Straddle）就是同时买进相同执行价格（X）和相同到期日（T）的同一碳期货合约的看涨期权与看跌期权。对于那些相信碳期货价格要大幅波动，但是不知道价格运行方向的投资者来说，买入跨式期权是比较有用的策略。因为碳期货价格以X为中心向上或者向下急剧变动，都会使跨式期权头寸的价值大幅增加。

对买入跨式期权来说，最糟糕的情形就是碳期货价格没有变化。因为如果$S_T = X$，那么到期时看涨期权和看跌期权都没有价值，这样投资者就损失了购买期权的支出额。因此，买入跨式期权赌的是标的资产价格的波动性；相反，卖出跨式期权，也就是卖出看涨期权与看跌期权的投资者，则认为标的资产的价格将缺乏波动性，他们在收到权利金后，希望在到期日前标的资产的价格不要发生太大变化。

买入跨式期权的损益见表 6-7。该策略的收益除了在 $S_T = X$ 时为 0 外，总是正值。你或许会奇怪为什么不是所有的投资者都来参与这种似乎不会亏损的策略，原因是买入跨式期权要求必须同时购买看涨期权与看跌期权。在到期日买入跨式期权头寸的价值虽不会为负，但是只有其价值超过当初支付的权利金时，该策略才能获得利润。

表 6-7　到期日买入跨式期权策略价值

市场价格与执行价格比较	$S_T<X$	$S_T \geqslant X$
看涨期权的损益	0	S_T-X
+看跌期权的损益	$X-S_T$	0
总计	$X-S_T$	S_T-X

6.3.3　碳期权的应用案例[㊀]

碳期权作为在碳期货基础上产生的一种碳金融衍生品，在欧盟碳排放权交易体系、区域温室气体倡议中较为活跃。首支碳期权是 2005 年欧洲气候交易所（ECX）推出的 EUA 期权。欧洲气候交易所曾经是芝加哥气候交易所的一个全资子公司，是芝加哥气候交易所与伦敦国际石油交易所（IPE）合作，通过伦敦国际石油交易所的电子交易平台挂牌交易二氧化碳期货合约，为温室气体排放交易建立的首个欧洲市场，2010 年被美国洲际交易所（ICE）收购。全球金融市场的动荡所带来的避险需求，吸引了工业企业、能源交易公司及基金等经济实体的参与，碳期权产品及市场功能越发多元化、复杂化。

表 6-8 是关于 EUA 期货期权合约的具体说明。

表 6-8　EUA 期货期权合约

产品描述	EUA 期货期权合约是以 EUA 期货合约为标的的期权。在到期时，一份期权合约将交换一份 EUA 期货合约。EUA 期货期权是欧式期权，期权到期时实值期权将自动执行，到期时实值期权不能被放弃，虚值期权或平价期权不能被执行
合约代码	EFO
合约规模	一份 EUA 期货期权合约的标的是一份 EUA 期货合约，一份 EUA 期货合约对应 1000 单位 EUA，1 单位 EUA 等于 1tCO_2e
交易单位	一份 EUA 期货期权合约
标的合约	标的合约是相关年份的 12 月期货合约。例如，2021 年 3 月期权的标的合约是 2021 年 12 月到期的期货合约
最小交易量	1 份

㊀ 案例资料来源：美国洲际交易所。

（续）

报价单位	欧元/t、欧分/t
最小价格变动	0.005 欧元/t
最大价格变动	无限制
到期日	在相应的 3 月、6 月、8 月、9 月或 12 月 EUA 期货合约到期日的前 3 个交易日
期权类型	欧式
执行程序	EUA 期货期权将以欧式期权方式，对到期日的实值期权自动执行，平价期权和虚值期权将自动失效
结算	ICE Endex 将对所有交易扮演对手方角色

国际主要碳市场中的碳期权交易已相对成熟，相较国际市场，我国的碳期权业务实践还较少，且没有相关业务规则，目前仍为个别交易的状态。截至 2024 年 8 月，国内 9 个地方（北京、上海、天津、湖北、重庆、广州、深圳、福建、四川）碳交易所中，只有北京绿色交易所有碳期权相关业务，且均是场外期权，委托交易所监管权利金与合约执行。

2016 年 6 月 16 日，深圳招银国金投资有限公司、北京京能源创碳资产管理有限公司、北京绿色交易所（原北京环境交易所）正式签署了国内首笔碳配额场外期权合约，交易量为 2 万 t。2016 年 7 月 11 日，北京绿色交易所发布了《碳排放权场外期权交易合同（参考模板）》，场外碳期权成为北京碳市场的重要碳金融衍生工具。

尽管目前我国的碳期权交易仍处于摸索阶段，尚无较完善的交易场所，多靠企业间磋商和场外交易来实现，但随着全国碳市场的上线和后期政策的逐步成熟，碳期权等金融衍生品将得到有效发展，在市场中发挥其重要作用。

6.4 碳互换

6.4.1 碳互换的概念

互换（Swaps）是指交易双方达成的在将来交换现金流的合约。在合约中，双方约定现金流的交换时间与现金流数量的计算方法，通常对现金流的计算会涉及利率、汇率及其他市场变量在将来的值。互换是一种常见的金融衍生工具，投资者利用不同市场或者不同类别标的物价格差别进行交换，从而获取价差收益。

碳互换（Carbon Swaps）是指交易双方以碳资产为标的，在未来的一定时期内交换现金流或现金流与碳资产的合约。碳互换是互换交易在碳市场中的应用，只是将标的物由一般意义上的外汇等产品换成了碳资产，主要是为了满足碳市场参与者对灵活交易和风险管理的需求。与其他金融互换产品类似，碳互换也是一种场外交易，通过合同约定交易双方在未来的交割日期交易碳资产或进行现金结算。

碳互换交易主要发生在碳市场参与者之间，包括控排企业、项目业主、碳资产管理公司和投资者等。在碳互换交易中，交易双方约定了交割日期、交割数量和价格等重要条款。一方面，这使得参与者可以提前锁定碳资产的价格，避免未来碳市场价格波动带来的风险；另一方面，交易双方可以通过碳互换进行套期保值，即通过交易碳互换来对冲碳资产价格的波动风险。这为市场参与主体提供了更大的灵活性并使其提升了风险管理能力。

6.4.2　碳互换的交易形式

碳金融衍生品市场分为交易所市场和交易所外市场或柜台交易（OTC）。交易所市场的交易类型主要包括规范标准化的碳期货或期权合约；OTC 交易的则是买卖双方针对碳产品的价格、时间、地点等经过谈判达成的协议。碳互换就属于后者。一般来说，碳互换有碳排放权互换和债务与碳减排信用互换两种交易形式。

1. 碳排放权互换交易

碳排放权互换交易分为期限互换和品种互换。其中，期限互换是指交易双方以碳资产为标的，通过固定价格确定交易，并约定未来某个时间以当时的市场价格完成与固定价格交易对应的反向交易，最终对两次交易的差价进行结算的交易合约。品种互换是交易双方约定在未来确定的期限内，相互交换定量碳配额和碳信用及其差价的交易合约。

图 6-3 展示了碳排放权期限互换交易过程。图中固定价格交易是指 A、B 双方协商约定，A 方于合约结算日以双方约定的固定价格向 B 方购买标的碳排放权；浮动价格交易是指 B 方于合约结算日以当日浮动价格向 A 方购买标的碳排放权。交易所会根据约定，向双方收取一定的初始保证金，并在合约期内根据现货市场价格的变化情况定期对保证金进行清算。交易所可根据清算结果，要求亏损方补充维持保证金；若亏损方未按期补足，交易所有权进行强制平仓。交易双方往往不发生碳配额的实际划转，仅就最终结算价格和约定的差额进行资金结算。

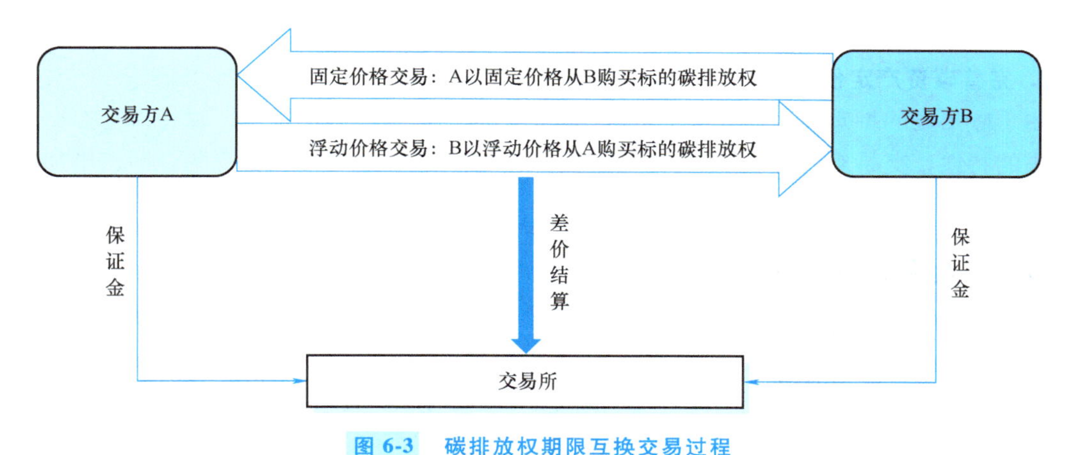

图 6-3　碳排放权期限互换交易过程

例如，全国碳排放权交易市场于 2021 年 7 月 16 日开市，首日收盘上涨 6.73%，整体成交价格为 53 元/t。此时机构投资者 A 认为尚未到清缴周期，普遍存在惜售行为，未来价格仍有上升空间；而另一控排企业 B 认为价格上涨是首日开市所带来的溢价导致，未来不会继续大幅上涨。因此双方协商约定，在 7 月 22 日，投资者 A 以 53 元/t 的价格从企业 B 购买碳排放权，而企业 B 以 7 月 22 日的市场价格向投资者 A 购买等量碳排放权，在合约到期时，实行差价结算。7 月 22 日，全国碳排放权交易市场的实际收盘价为 55.52 元/t，双方按照合约约定价格结算，企业 B 需向投资者 A 支付 2.52 元/t 的差价。

2. 债务与碳减排信用互换交易

债务与碳减排信用互换交易主要发生在国家与国家之间，通常是债务国与债权国之间达成的协议行为，是债权国将一定数量的资金投向债务国的减排项目，用于减免或者抵消债务国所欠的债务，而由此获得的碳排放权归债权国所有的一种交易机制。在该交易机制下，债务国生产的碳信用被视为一种价值资产，为其偿还所欠债务。

6.4.3 碳互换的交易功能

碳互换属于碳金融衍生品，它具备所有碳金融衍生品共有的意义，既为碳交易体系相关企业单位提供了新型融资方式的金融工具、价格发现工具和风险对冲手段，同时也可盘活市场碳资产，加大在碳市场中碳资产的流通率和流转率，保证市场的活跃度和交易量，从而助力形成市场价格，让企业等相关单位及时高效地衡量减排成本，以便开展节能减排工作。

1. 增强市场流动性

碳互换使市场参与者能够更方便地买卖碳资产。通过碳互换，交易双方可以根据市场需求和预期进行灵活的碳资产配置和交易，促进市场的活跃度。碳互换的产生也解决了目标碳减排信用难以获得的问题，充分发挥了碳减排信用的抵减作用。由于碳排放配额和减排量在履约功能上同质，而核证减排量的使用量有限，同时两者在不同时期存在价格差，因而互换是一种有效的解决方法。

2. 降低市场风险

通过碳互换，参与者可以通过多笔交易构建投资组合，对冲碳资产价格波动带来的损益。这种风险管理能力使得市场参与者能够更加安全地参与碳市场，减少潜在的损失。

3. 完善碳资产定价

由于碳市场的特殊性，标准化金融合约无法满足所有参与者的需求。通过碳互换交易场外交易的特性，交易双方可以自行协商合约条款，制定符合自身需求的交易合同，增加碳资产的流动性，使得市场上的报价可以更加公允地反映市场需求。

6.4.4 碳互换的应用案例

1. 西班牙与乌拉圭的碳互换㊀

国与国之间的碳互换通常体现为债务与碳减排信用互换交易。2001 年阿根廷的违约加大了乌拉圭外部财政的不稳定性。为了解决这一问题并促进乌拉圭的投资增长，2003 年 4 月 15 日，西班牙与乌拉圭签订了债务转为公共投资的项目，西班牙免除了乌拉圭所欠的本息和总价值约 932 万美元的债务。与此对应，乌拉圭政府建立了一个银行账户基金，在该账户中按原来债务到期的时间表存入与之等额的美元资金。乌拉圭政府将此基金账户中的资金

㊀ 资料来源：唐葆君，王璐璐．碳金融学．北京：中国人民大学出版社，2023。

投资于事先确定的三个省的废水处理项目。

2005 年，乌拉圭新上任的财政部长达尼洛·阿斯托里（Danilo Astori）与西班牙财政部长佩德罗·索尔韦斯（Pedro Solbes）一致同意重新修改 2003 年的债务转化项目，并且就第二次债务互换约定了以下条款：第一，新的债务互换把乌拉圭在 2005 年 7 月到 2007 年 6 月大约两年时间里所欠的 1080 万美元债务按同样的金额和债务到期时间投入基金中；第二，按照 2003 年合约的规定决定该基金的结构、管理和运行；第三，将债务互换的债务减免所释放的资源投资于符合《京都议定书》规定的乌拉圭可持续发展项目之中，并将这些可持续发展项目产生的核证减排量交付给西班牙。

2005 年 11 月，西班牙和乌拉圭协商确定了本次债务互换的项目：在乌拉圭南部地区建立一个可以实现 10MW 发电量的风力发电厂。2007 年，西班牙一个专注于可再生能源基础设施和服务的公司获得了该项目。2010 年—2016 年，该项目产生了 317.89 亿 t 的核证减排量。

2. 我国首笔碳配额场外互换㊀

相较海外碳市场，我国碳互换业务的实践较少，目前国内 9 个地方碳交易所中，只有北京绿色交易所有碳互换相关业务。2015 年 6 月 15 日，中信证券股份有限公司作为甲方，与作为乙方的北京京能源创碳资产管理有限公司签订国内首笔碳排放权配额场外互换合约，交易量为 1 万 t。甲乙双方以非标准化书面合同形式开展互换交易，并委托北京环境交易所（现更名为北京绿色交易所）负责保证金监管与合约清算工作。互换合约约定甲方于合约生效后 6 个月（结算日）以固定价格向乙方购买标的碳排放权；乙方于合约结算日再以浮动价格向甲方购买标的碳排放权，浮动价格与交易所的现货市场交易价格挂钩，到合约结算日交易所根据固定价格和浮动价格之间的差价进行结算。若固定价格小于浮动价格，则看多方甲方为盈利方；若固定价格大于浮动价格，则看多方甲方为亏损方。交易所根据掉期合约的约定向双方收取初始保证金，并在合约期内根据现货市场价格的变化定期对保证金进行清算，根据清算结果要求浮动亏损方补充维持保证金，若未按期补足交易所有权强制平仓。碳配额场外掉期交易为碳市场参与人提供了防范价格风险、开展套期保值的手段。2016 年，北京碳市场发布《碳排放权场外掉期交易合同（参考模板）》，场外碳掉期成为北京碳市场的重要碳金融创新工具之一。

㊀ 资料来源：广州市绿色金融协会。

第7章 碳市场融资工具

7.1 碳债券

7.1.1 碳债券概述

1. 碳债券的概念

碳债券（Carbon Bonds）是指政府、企业为筹集低碳经济项目资金而向投资者发行的、承诺在一定时期支付利息和到期还本的债务凭证，其核心特点是将低碳项目产生的碳信用收入（如 CER 收益）与债券利率水平挂钩。实践中，碳债券主要是指碳中和债券。依据中国绿色债券标准委员会 2022 年发布的《中国绿色债券原则》，碳中和债券是指募集资金专项用于具有碳减排效益的绿色项目，通过专项产品持续引导资金流向绿色低碳循环领域，助力实现碳中和愿景的有价证券。

碳债券是绿色债券的子品种。依据国际资本市场协会（ICMA）的定义，绿色债券是指募集资金专门用于符合规定条件的现有或新建绿色项目的债券工具。绿色项目包括但不限于可再生能源、节能、垃圾处理、节约用地、生态保护、绿色交通、节水和净水等七大类。

包含碳债券在内的绿色债券与一般债券并无本质上区别，只是发行人为募资用于环保节能等方面的债券打上了“绿色”标签。即便如此，绿色债券这一定义的提出还是具有很大意义，意味着出现了定向用于绿色项目发展的金融创新产品，表明环境保护观念已经成为全球共识。绿色债券规定了所募集资金的投向只能专项用于绿色项目，这从根本上与传统意义的债券做出了区分。

2. 碳债券的特点

碳债券属于绿色债券的子类，相比一般的绿色债券，碳债券具有以下特点：

1）碳债券的投向十分明确，即紧紧围绕可再生能源进行投资；而绿色债券项目则是投资于可再生能源、节能、垃圾处理、节约用地、生态保护、绿色交通、节水和净水等七大类均可。

2）碳债券可以采取固定利率加浮动利率的产品设计，将碳信用收入中的一定比例用于浮动利息的支付，实现了项目投资者与债券投资者对碳信用收益的分享。

3）碳债券对于包括碳信用交易市场在内的新型虚拟交易市场有扩容的作用，它的大规模发行将最终促进整个金融体系和资本市场向低碳经济导向下的新型市场转变。

4）由于碳中和项目所带来的正外部性，碳债券发行也更容易获得政策支持和优惠条件。

7.1.2　碳债券的交易机制

1. 碳债券的基本要素

碳债券和普通债券一样，主要包括债券发行人、债券面值、票面利率、到期日、付息方式、债券发行价、信用评级等基本要素。

（1）发行人

发行人（Issuer）是债券的发行主体，也指明了债券的债务主体，为债权人到期追回本金和利息提供依据。发行人的信用评级级别会影响债券发行定价。一般而言，信用评级越高的发行人，其债券票面利率越低；信用评级越低的发行人，其债券票面利率越高。依据发行人不同，债券可以分为政府债券、金融债券和公司（企业）债券。政府债券是政府为筹集资金而发行的债券，主要包括国债、地方政府债券等，其中最主要的是国债。金融债券是由银行和非银行金融机构发行的债券。公司（企业）债券是非金融企业发行的债券。目前我国碳债券的发行主体性质仍以国有企业为主，行业集中分布于金融行业和电力生产与供应行业，资金主要投向清洁能源及清洁交通项目。

（2）债券面值

债券面值（Par Value）包括两个基本内容：一是币种，二是票面金额。面值的币种可用本国货币，也可用外币，这取决于发行者的需要和债券的种类。债券的发行者可根据资金市场情况和自己的需要选择适合的币种。债券的票面金额是发行人对债券持有人在债券到期后应偿还的本金数额，也是发行人向债券持有人按期支付利息的依据。债券面值与实际的债券发行价并不一定是一致的，发行价大于面值称为溢价发行（at premium）；发行价小于面值称为折价发行（at discount）；发行价等于面值称为平价发行（at par）。

（3）票面利率

债券的票面利率（Coupon Rate）是指债券利息与债券面值的比率，是发行人承诺以后一定时期支付给债券持有人报酬的计算标准。债券票面利率分为固定利率和浮动利率两种。债券票面利率一般为年利率，面值与利率相乘可得出年利息。债券票面利率直接关系到债券的收益。影响票面利率的因素主要有：银行利率水平、发行者的资信状况、债券的偿还期限和资金市场的供求情况等。

（4）到期日

到期日（Maturity Date）是指债券到期的日期。在到期日，债券发行人向债券持有人支付债券面值的本金金额。到期日越长的债券通常会支付更高的利率，以弥补债券持有人在较长时间内的利率风险和通货膨胀风险。依据到期日的长短，债券通常可以分为短期债券（偿还期限在 1 年以内）、中期债券（偿还期限在 1 年（包括 1 年）以上、10 年（包括 10 年）以下）和长期债券（偿还期限在 10 年以上）。目前我国碳债券的期限以中长期为主。

(5) 付息方式

付息方式是指在债券的有效期内，债务人按一定的时间间隔分次向债权人支付利息的方式。付息方式一般可分为一次性付息和分期付息两种。中长期债券通常采取分期付息方式，如 1 年、半年或者 3 个月支付一次；短期债券一般采用一次性付息方式。

(6) 债券发行价

债券发行价（Issue Price）是指债券发行时的价格。理论上，债券的面值就是它的价格。但实际上，由于发行者的种种考虑或资金市场上供求关系、利息率的变化，债券的发行价格并不总是等于债券面值。

(7) 信用评级

债券发行人的主体信用评级和债券本身的债项评级，是债券票面利率的重要决定因素。债券发行人或债项的信用评级越低，意味着债券违约风险越大，就需要支付更多的利息，否则很难销售出去。目前，我国碳债券的主体信用评级及债项评级均集中在 AAA 级，AAA 级债券具有最高的信用等级，还本付息能力最强。

2. 碳债券的发行监管要求

碳债券在发行方面遵守一般债券发行所需的制度规则。从企业发行债券的监管机构来看，我国的主要债券品种包括国家发展改革委监管的企业债、证监会监管的公司债、中国银行间市场交易商协会监管的非金融企业债务融资工具。其中，国家发改委和证监会采取核准制，交易商协会采取注册制；企业债要求发行主体是法人，公司债要求发行主体是公司制法人，非金融企业债务融资工具要求发行主体是非金融企业法人；企业债可在银行间市场和交易所发行，公司债在交易所发行，债务融资工具在银行间市场发行。根据我国现有的债券制度，三类债券监管部门对核准或接受注册与节能减排有关的债券并无明确限制性规定。

2021 年 3 月 18 日，银行间市场交易商协会（简称交易商协会）发布《关于明确碳中和债相关机制的通知》；2021 年 7 月，深圳证券交易所（简称深交所）发布《深圳证券交易所公司债券创新品种业务指引第 1 号——绿色公司债券（2021 年修订）》等业务指引的通知；2022 年 6 月上海证券交易所（简称上交所）更新《上海证券交易所公司债券发行上市审核规则适用指引第 2 号——特定品种公司债券》，明确了碳中和债券的发行要求。以上三者对碳中和债发行监管要求具体见表 7-1。

表 7-1　碳中和债券发行监管要求

项目	交易商协会	上交所	深交所
募集资金用途	应全部专项用于清洁能源、清洁交通、可持续建筑、工业低碳改造等绿色项目的建设、运营、收购及偿还绿色项目的有息债务，募投项目应符合《绿色债券支持项目目录》或国际绿色产业分类标准，且聚焦低碳减排领域	用于绿色项目的识别和界定，参考《绿色债券支持项目目录》	
募投领域	包括但不限于：①清洁能源类项目（包括光伏、风电及水电等项目）；②清洁交通类项目（包括城市轨道交通、电气化货运铁路和电动公交车辆替换等项目）；③可持续建筑类项目（包括绿色建筑、超低能耗建筑及既有建筑节能改造等项目）；④工业低碳改造类项目（碳捕集利用和封存、工业能效提升及电气化改造等项目）；⑤其他具有碳减排效益的项目		

（续）

项目	交易商协会	上交所	深交所
发行信息披露要求	发行人应在发行文件中披露碳中和债募投项目具体信息，确保募集资金用于低碳减排领域。如注册环节暂无具体募投项目的，发行人可在注册文件中披露存量绿色资产情况、在建绿色项目情况、拟投绿色项目类型和领域，以及对应项目类型环境效益的测算方法等内容，且承诺在发行文件中披露项目的定量测量环境效益、测算方法及效果，鼓励披露碳减排计划	发行人应当在募集说明书中披露募集资金拟投资的绿色项目情况，包括但不限于绿色项目类别、项目认定依据或标准和环境效益目标等内容 按照“可计算、可核查、可检验”的原则，在募集说明书等发行文件中重点披露环境效益测算方法、参考依据，并对项目能源节约量（以标准煤计）、碳减排等环境效益进行定量测算	在募集说明书中披露募集资金拟投资的绿色项目情况、所属具体绿色项目类别、项目认定依据或标准及环境效益目标、绿色公司债券募集资金使用计划和管理制度等内容
存续间信息披露要求	发行人应于每年4月30日前披露上一年度募集资金使用情况、绿色低碳项目进展情况及募投项目实际或预期产生的碳减排效益等相关内容；于每年8月31日前披露本年度上半年募集资金使用情况、绿色低碳项目进展情况及募投项目实际或预期产生的碳减排效益等相关内容	应当在定期报告中披露募集资金使用情况、绿色项目进展情况和环境效益等内容	

7.1.3 碳债券的应用案例

碳债券将生产要素与金融工具进行创新结合，对探索环境权益金融工具支持碳达峰、碳中和目标实现具有重要的实践意义。一方面，碳债券的发行可以丰富相关企业的融资渠道，同时帮助企业降低融资成本，树立良好的市场、社会形象，帮助投资者更好地规避跨市场投资风险；另一方面，也可以帮助企业盘活碳资产，充分使用企业的碳资产，通过金融市场创新间接实现提高碳市场流动性、增加价格发现等功能。

在“双碳”目标的大背景下，中国银行间市场交易商协会于2021年2月9日率先创新推出碳中和债，上海证券交易所和深圳证券交易所也相继推出碳中和公司债券，为市场发行碳中和债提供了指导。我国也因此成为全球首个建立碳中和债券市场机制的国家。

2014年5月12日，中广核风电有限公司、上海浦东发展银行股份有限公司（简称浦发银行）、国家开发银行股份有限公司（现更名为国家开发银行）、中广核财务有限责任公司及深圳排放权交易所在深圳排交所交易大厅联合举办新闻发布会，宣布国内首单碳债券——中广核风电有限公司2014年度第一期中期票据在银行间市场成功发行。该笔碳债券的发行人为中广核风电有限公司，发行金额10亿元，发行期限为5年；主承销商为浦发银行和国家开发银行；由中广核财务有限责任公司及深圳排放权交易所担任财务顾问。债券利率采用“固定利率+浮动利率”的形式，其中浮动利率部分与发行人下属5家风电项目公司在债券存续期内实现的碳资产（中国核证自愿减排量，CCER）收益正向关联，浮动利率的区间设定为5BP到20BP（基点）。上述5个项目分别是装机均为4.95万kW的内蒙古商都项目、新疆吉木乃一期、甘肃民勤咸水井项目、内蒙古乌力吉二期项目及装机为3.57万kW的广东台山（汶村）风电场。根据评估机构的测算，CCER市场均价区间在8~20元/t时，上述项目每年的碳收益都将超过50万元的最低限，最高将超过300万元。表7-2是该笔碳债券的产品资料。

表7-2 中国首单碳债券产品资料

项目		内容
债券名称		中广核风电有限公司2014年度第一期中期票据
债券简称		14核风电MTN001
债券代码		yhj101464014
债券类型		普通企业债
债券面值（元）		100
债券年限（年）		5
票面利率（%）		—
到期日		2019-5-12
兑付日		2019-5-12
摘牌日		2019-5-8
计息方式		浮动利率
利率说明	固定利率	在本期中期票据发行过程中通过簿记建档方式确定的、在本期中期票据存续期内维持不变的利率
	浮动利率	根据本期中期票据发行文件设定的浮动利率定价机制确定的利率水平，浮动利率按年核定，浮动利率的浮动区间为［5BP，20BP］
	碳收益率	指发行人按照每期碳收益计算得出的碳收益率 计算公式： 碳收益率=中期票据每期碳收益/本期中期票据发行金额×100% 计算过程中，收益率采用百分数表示并保留小数点后两位
	浮动利率定价机制	参照碳收益率确定每期浮动利率，即：①当碳收益率等于或低于0.05%（含本募集说明书中约定碳收益率确认为0的情况）时，当期浮动利率为5BP；②当碳收益率等于或高于0.20%时，当期浮动利率为20BP；③当碳收益率介于0.05%~0.20%区间时，按照碳收益率换算为BP的实际数值确认当期浮动利率
	浮动利率确定日	浮动利率的确定日为每期付息日的前10个工作日
付息方式		周期性付息
起息日期		2014-5-12
止息日期		2019-5-11
付息日期		5-12
年付息次数		1
浮息债保底利率（%）		—

（续）

发行价格（元）	100
发行规模（亿元）	10
发行日期	2014-5-8
上市日期	2014-5-13
上市场所	全国银行间市场
发行对象	全国银行间债券市场的机构投资者（国家法律、法规禁止购买者除外）
主承销商	国家开发银行、上海浦东发展银行股份有限公司
信用等级	AAA

7.2 碳信贷

7.2.1 碳信贷概述

信贷是商业银行最主要的业务之一，贷款资产也是商业银行重要的收入来源。具体说就是，商业银行作为贷款人，按照一定的贷款原则和政策，以还本付息为条件，向借款人供给一定数量的货币资金。

绿色信贷是商业银行通过银行贷款推动可持续发展的商业项目或为企业发展提供经济支持的一种绿色金融方式，也称可持续融资或环境融资。绿色信贷通常包含两层含义：

1）第一层含义是商业银行和其他金融机构及投资公司对污染企业不仅限制其贷款额度或直接“一票否决”，而且对其收取更高的利率作为惩罚；绿色信贷就是要将生态环境风险因素加入银行信贷的风险评价体系，倒逼污染企业节能减排，避免企业走进“先污染后治理、再污染再治理”的怪圈。

2）第二层含义是对致力于环保产业或生态产业等绿色产业发展的企业或项目，绿色信贷给予重点关注和支持，对这些企业或项目发生研发和生产治污设备、开发和利用新能源、发展循环经济等促进绿色经济发展的行为提供贷款支持，并给予政策性的低利率，以促进金融和生态的良性循环。

碳信贷是绿色信贷概念的进一步细化，是在绿色信贷产品中落实到碳减排具体层面的金融创新产品。这种创新趋势同时也是绿色信贷在国际上的一个发展趋势。碳信贷是在原有的绿色信贷制度和模式的基础上，进一步划分为两种体系：一是向低碳企业或低碳项目发放贷款资金，或以优惠贷款利率的方式给予支持；二是通过全球碳排放权交易市场的平台，对清洁发展机制项目下经核证减排量（CER）后进行贷款。这主要是国与国之间的行为，例如发达国家通过向发展中国家输出先进的技术及资金援助，帮助其发展实现节能减排，从而可获得相应的碳排放量。目前我国商业银行所提到的碳信贷通常是指第一种形式，即为绿色低碳企业提供信贷资金支持。

从我国碳信贷实践看，目前主要有两种产品类型：一是碳资产抵质押（Carbon Assets

Pledge）融资，二是碳资产回购（Carbon Assets Repurchase）融资。碳资产抵质押是碳资产的持有者（即借方）将其拥有的碳资产作为质物/抵押物，向资金提供方（即贷方）进行抵质押以获得贷款，到期再通过还本付息解押的融资合约。碳资产回购是碳资产的持有者（即借方）向资金提供机构（即贷方）出售碳资产，并约定在一定期限后按照约定价格购回所售碳资产以获得短期资金融通的合约。目前碳资产抵质押融资是我国碳信贷市场占比最大的形式，而碳资产回购融资是碳资产抵质押融资的重要补充。

7.2.2 碳资产抵质押融资

通常而言，抵押融资是债务人不转移某些财产的占有，而将该财产作为债权的担保，当债务人不履行债务时，债权人有权依法以该财产折价或者以拍卖、变卖该财产的价款优先受偿。质押融资是债务人将其动产或者权利移交债权人占有，将该动产作为债权的担保，当债务人不履行债务时，债权人有权依法就该动产卖得价金优先受偿。抵押融资和质押融资的本质区别在于押物是否转移占有权：抵押融资的抵押物由借款人所有，不交由债权人保管，借款人可以继续使用，抵押物通常包括房屋、土地、机构设备等；质押融资的质押物由借款人所有，但交由债权人保管，借款人不能继续使用，质押物通常包括有价证券、票据等。

碳资产抵质押融资是碳资产持有人将其碳资产作为抵押物或者质物，向融资方申请贷款，并在约定期限届满时通过归还本金和利息的方式终止抵质押关系的融资方式。鉴于碳资产抵质押融资的交易结构较为简单且便利，它已成为我国推广力度最大的碳金融产品。

1. 碳资产抵质押融资交易机制

下面以碳配额抵质押融资为例，介绍碳资产抵质押融资交易机制。

（1）交易主体

碳配额抵质押融资的交易主体主要涉及借款人、贷款人和登记机构三方。

1）借款人。办理碳资产抵质押贷款的借款人是合法持有碳配额的机构。办理碳配额抵质押贷款的借款人应具备以下条件，包括但不限于：

① 属于碳交易主管部门规定的纳入碳排放管理和交易的企业，合法持有碳配额且符合相关规定要求的企业事业单位、社会团体。

② 信誉良好，无重大不良信用记录。

③ 经营期限或存续期原则上长于信贷业务期限。

④ 贷款人要求的其他条件。

2）贷款人。办理碳配额抵质押贷款的贷款人是符合相关规定要求的银行金融机构和非银行金融机构。

3）登记机构。办理碳配额抵质押贷款的登记机构是符合相关规定要求的交易所或中国人民银行征信中心。

（2）交易客体

碳配额抵质押融资的交易客体是碳配额。办理抵质押贷款的碳配额应符合以下条件，包括但不限于：

1）借款人对碳配额具有所有权，碳配额权属关系清晰，且不存在被注销、查封、冻结、清算、强制执行等情形。

2）已经就拟作为抵质押物的碳配额依法取得有效的登记或核准，借款人未违反前述登记或核准及相关法律法规规定的条件，前述登记或核准文件完整有效。

3）依法可以转让，具有良好的变现能力。

4）符合国家法律法规、碳交易主管部门、登记机构及贷款人的相关规定要求。

（3）交易流程

1）提出贷款申请。借款人向贷款人申请碳配额抵质押贷款。办理碳配额抵质押贷款的借款人应提交以下资料，包括但不限于：碳配额抵质押贷款申请书；碳配额相关登记文件原件及复印件；工商营业执照、法定代表人身份证明；贷款人要求提供的其他材料。

2）抵质押物评估、贷款审批。贷款人组织开展碳配额抵质押贷款评估，进行贷前调查和审批。碳配额抵质押贷款评估指标包括但不限于以下几个方面：企业资信评级、贷款期限、抵质押物价值和担保情况。其中，抵质押物即碳配额评估价值按照如下公式计算：

碳配额评估价值 = 碳配额评估单价 × 碳配额数量

碳配额评估单价可参考评估日前 6 个月内碳配额所属碳排放权交易二级市场的挂牌加权平均价。碳配额价值可在参考碳配额评估价值计算公式的基础上，结合参照有偿取得的价格、当期同等碳排放权市场成交均价及政府调控价格等综合确定。

碳配额抵质押贷款额度可参考碳配额抵质押贷款评估指标综合确定，或根据贷款企业和绿色评估第三方服务机构评估认证的实际情况确定。碳配额可作为主要抵质押物或辅助保障措施。碳配额作为主要抵质押物的，原则上不超过碳配额价值的 100%，具体由借贷双方协商确定。

3）签订合同。贷款人和借款人以书面形式订立碳配额抵质押贷款合同和抵质押合同。其中，抵质押贷款利率由贷款人和借款人在遵守中国人民银行现行利率政策的前提下协商。碳配额抵质押贷款具体可用于企业减排项目建设运维、技术改造升级、购买更新环保设施等节能减排活动，也可用于借款人补充流动资金；不得用于购买股票、期货等有价证券和从事股权投资，不得用于违反国家有关法律、法规和政策规定的用途。

4）抵质押登记。贷款人和借款人在签订合同后，共同向登记机构提交材料并申请办理碳配额抵质押登记手续。登记内容可包括抵质押主体，债权金额、期限、利率，碳配额及其他担保物作为补充抵质押物的内容、来源、期限、变化等状况，以及相关限制或提示事项等。

交易所递交碳配额抵质押登记材料至碳交易主管部门审核，由碳交易主管部门决定是否予以出具抵质押登记证明和进行碳配额冻结；交易所做好抵质押登记证明出具、结果报送及信息披露工作。

贷款人或借款人在中国人民银行征信中心动产融资统一登记公示系统中办理碳配额质押登记的，须在系统中如实登记，对登记内容的真实性、完整性和合法性负责。中国人民银行征信中心动产融资统一登记公示系统不对登记内容进行实质审查。

5）贷款发放。贷款人向借款人发放贷款。

6）贷后管理。贷款期间，如抵质押登记事项发生变化，依法须办理变更登记的，须在变化前征得贷款人同意，并由借款人和贷款人共同向登记机构申请办理碳配额抵质押变更登记手续。

贷款期间，如贷款人同意对贷款期限进行展期的，借款人和贷款人须在展期合同签署后联合向登记机构申请办理碳配额抵质押展期登记手续。

贷款期间，由于主债权消灭、抵质押权实现、贷款人放弃抵质押权或法律规定的其他原因，导致抵质押权消灭的，借款人和贷款人须在前述原因发生后向联合向登记机构申请办理碳配额抵质押注销登记手续。

贷款期间，碳配额抵质押事项发生变更，交易所递交至碳交易主管部门审核，由碳交易主管部门进行碳配额抵质押变更处理。

贷款人或借款人在中国人民银行征信中心动产融资统一登记公示系统中办理碳配额质押登记的，贷款期间，如抵质押登记事项发生变化或由于主债权消灭、抵质押权实现、贷款人放弃抵质押权或法律规定的其他原因，导致抵质押权消灭的，须在系统中如实进行变更或注销登记，并对登记内容的真实性、完整性和合法性负责。中国人民银行征信中心动产融资统一登记公示系统不对登记内容进行实质审查。

对于贷款用于企业减排项目建设运维、技术改造升级、购买更新环保设施等节能减排活动的，借款人须按贷款项目开展环境信息披露工作，并提交相关报告至贷款人；若未能披露，需做出解释。

7）贷款到期。借款合同约定的还款期限届满，借款人偿还全部本息和相关费用后，贷款人向交易所提出解除碳配额抵质押登记申请，办理解押手续。交易所递交解押申请材料至碳交易主管部门审核，由碳交易主管部门进行碳配额解押。如借款人在还款期限届满未偿还全部本息和相关费用，则按实际已偿还的金额对部分碳配额进行解押。

借款合同约定的还款期限届满，借款人到期未履行还款义务或发生当事人约定的实现抵质押权的情形的，贷款人可以依法处置抵质押的碳配额，并就处置所得优先受偿。

碳配额抵质押物的处置方式包括：通过符合规定的第三方机构挂牌或竞价等方式，优先向符合要求的第三方转让；法律规定的其他方式。

2. 碳资产抵质押融资案例

（1）兴业银行向湖北宜化集团发放碳配额质押贷款㊀

2014 年 9 月 9 日，兴业银行武汉分行、湖北碳排放权交易中心和湖北宜化集团有限责任公司三方签署了碳资产质押贷款协议，以 211 万 t 碳排放配额作为质押担保，依据湖北碳市场平均成交价格和双方约定的质押率系数，公司获得了 4000 万元贷款，完成了全国首单碳资产碳配额质押贷款。这 4000 万元的贷款额度是由碳市场平均价 23.7 元/t 乘以质押碳配额数量 211 万 t 再乘以通用贷款系数 0.8 计算而来的。湖北碳排放权交易中心为融贷双方提供质押物登记存管和资产委托处置服务。

㊀ 资料来源：中国证券网，https://www.cs.com.cn/xwzx/jr/201409/t20140909_4506851.html。

（2）上海银行向上海宝碳新能源环保科技有限公司发放 CCER 质押贷款㊀

2014 年 12 月 11 日，上海银行虹口支行与上海宝碳新能源环保科技有限公司（简称上海宝碳）签署 500 万元 CCER 质押贷款协议，以上海宝碳所属减排项目未来预计可实现的数十万 t CCER 作为质押担保，无其他抵押担保条件。这是国内首笔 CCER 质押贷款。在本次质押中，上海银行的计算方式为使用 2013 年 7 个碳市场碳配额价格的加权平均价作为基准价，再按照一定质押率折算出质押价，最终为上海宝碳的数十万 t CCER 提供了 500 万元质押贷款。上海环境能源交易所提供了第三方服务，在双方约定的时间对相应的 CCER 进行冻结和解冻等操作。本次进行质押的 CCER 项目类型为风电及水电，是我国首批通过的 CCER 项目之一。

7.2.3　碳资产回购融资

1. 碳资产回购融资交易机制

根据目前国内碳市场实践，碳资产回购主要有两种模式：一种是场内交易，即控排企业以一定价格向碳交易所会员单位卖出碳资产，并在未来按约定价格从会员单位手中购回碳资产的交易；另一种是包含碳资产公司与金融机构在内的模式，由控排企业向碳资产公司卖出碳资产，获得的资金委托给金融机构进行财富管理，约定期限结束后，控排企业回购相同数量的碳配额，并与碳资产公司和金融机构共同分享从财富管理中获得的收益，在此过程中交易所作为第三方监管机构进行风险把控，对碳资产公司进行一定的限制，保障碳配额不会被碳资产公司以其他方式损失掉。

具体如何开展碳资产回购融资，下面以湖北省碳市场的碳配额回购为例进行介绍：

（1）参与碳配额回购交易应满足的条件

交易参与人包括正回购方和逆回购方。正回购方应为纳入湖北试点碳市场并进行碳排放权配额管理的企业（简称控排企业）、湖北碳排放交易中心（简称碳交中心）碳金融服务会员；逆回购方应为湖北碳交中心碳金融服务会员。

交易参与人截止参与配额回购交易业务的前 3 年未出现湖北省碳交易主管部门或湖北碳交中心认定的违规违约行为。

（2）碳配额交易数量

单笔碳配额回购交易的数量应当为 1 万 t 或其整数倍，且不得进行拆分处理。

（3）碳配额交易价格

碳配额回购交易价格（包括初始交易日价格和购回交易日价格）由交易双方在回购交易协议中约定，初始交易和购回交易的最高价格为签订碳配额回购交易协议前一交易日协商议价转让收盘价×(1+30%)，最低价格为签订碳配额回购交易协议前一交易日协商议价转让收盘价×(1-30%)。

（4）交易协议

交易协议应包含以下内容：正回购方和逆回购方的信息；交易标的物类型；碳配额交易

㊀ 资料来源：中国证券网，https://www.cs.com.cn/xwzx/jr/201412/t20141216_4591363.html。

数量、交易价格和总价款；初始交易日和购回交易日；违约责任及纠纷解决方式。

（5）交易流程

1）签订交易协议。

2）材料登记。双方应向湖北碳交中心提交配额回购交易协议及有关书面材料。

碳配额回购交易双方提交的材料符合要求的，湖北碳交中心应当予以接受登记，并对双方提交的材料进行形式审核。审核时间不应超过5个工作日。如审核通过，则进入交易和结算程序；如审核不通过，应书面通知交易双方；如需交易双方提供补充材料的，应一并告知。

3）系统登记。交易参与人在碳配额回购交易协议约定的初始交易日、购回交易日登录湖北碳交中心交易系统，根据系统提示完成申报单的填报及确认。申报单信息必须与配额回购交易协议相关信息一致。

4）信息核对。湖北碳交中心对交易参与人提交的配额回购交易申报单进行核对，并在通过后完成碳配额划转和资金结算。

5）碳配额冻结。初始交易完成时，湖北碳交中心应在逆回购方交易账户中冻结正回购方卖出的所有碳配额。被冻结的碳配额原则上应在购回交易日通过湖北碳交中心审核后解除冻结，并按照碳配额回购交易协议或双方约定的其他合规形式进行处理。

2. 碳资产回购融资案例

（1）我国国内首笔碳排放配额回购融资[1]

国内首笔碳排放配额回购融资协议的签约双方分别为中信证券股份有限公司和北京华远意通热力科技股份有限公司。2015年1月7日，中信证券股份有限公司对外宣布，与北京华远意通热力科技股份有限公司签订碳配额回购交易，融资总规模达1330万元。此项回购融资协议的签署，标志着北京碳排放权交易市场在碳金融产品创新方面又迈出了实质性的一步，实现了碳市场与金融市场的有机结合，是北京市碳排放权交易试点建设中的一个重要里程碑。

（2）我国首单跨境碳资产回购[2]

我国首单跨境碳资产回购交易于2016年3月19日在深圳完成。此交易由深圳能源集团股份有限公司控股的深圳妈湾电力有限公司与境外投资者英国石油公司（BP）共同进行，交易标的为400万t碳排放配额。深圳能源集团将利用本次交易资金投入可再生能源的生产，优化发电产业结构，构建低碳能源体系。这不仅是我国首单跨境碳资产回购交易，也是我国碳市场试点启动3年以来最大的单笔碳交易。

深圳碳市场于2013年6月18日在国内率先启动，深圳排放权交易所迅速成为国内配额流转率最高的交易场所。2014年8月，该交易所获得国家外汇管理局批准，成为中国首个允许境外投资者参与的碳交易平台，且境外投资者参与不受额度和币种限制。

此次跨境碳资产回购业务的落地，开创了境外投资者运用外汇或跨境人民币参与中国碳

---

[1] 资料来源：《中国证券报》，2015-01-08。

[2] 资料来源：央广网，http://news.cnr.cn/native/city/20160321/t20160321_521669798.shtml。

排放权回购交易的先河，显示深圳排放权交易所正在迈向国际化。深圳妈湾电力有限公司是深圳碳市场配额量最大的管控单位，主要从事电力开发建设及电厂生产经营。BP 则是一家总部设在英国伦敦的世界领先石油和天然气企业，截至 2015 年年底，该企业在华业务的累计商业投资约 45 亿美元。

深圳排放权交易所是我国同类交易所中注册资本金额最大的综合性环境权益交易机构和低碳金融服务平台，也是我国首个交易额过亿元人民币的碳市场。

第8章 碳市场支持工具

8.1 碳指数

8.1.1 碳指数的概念

碳指数（Carbon Index）也称碳价格指数，是为反映整体碳市场或某类碳资产的价格变动及走势而编制的统计数据。碳指数既是碳市场重要的观察指标，也是开发指数型碳排放权交易产品的基础，是投资者、政策制定者及市场分析师了解碳市场动态、评估碳减排成本和效果的重要工具。目前国际上比较重要的碳指数是欧洲能源交易所（European Energy Exchange，EEX）发布的全球碳指数（Global Carbon Index，GCI）；国内目前已有的碳指数是北京绿色交易所推出的观测性指数“中碳指数体系”，以及复旦大学以第三方身份构建的预测性指数“复旦碳价指数”。

8.1.2 碳指数的特点和功能

1. 碳指数的特点

碳指数主要具有以下特点：

(1) 实时性

碳指数能够实时反映碳市场的价格变动情况，为市场参与者提供及时的信息支持。

(2) 综合性

碳指数综合了多个碳市场的价格数据，能够全面反映全球或某一地区碳市场的整体价格水平。

(3) 权威性

碳指数通常由专业机构或组织编制和发布，具有较高的权威性和可信度。

2. 碳指数的功能

碳指数主要发挥以下功能：

(1) 反映市场供需和价格变动

碳指数是市场碳排放权价格的直接反映，包括日均价、开盘价、收盘价等。这些价格信息能够实时反映市场的供需状况和价格变动趋势。

（2）为投资者提供决策参考

碳指数可以帮助投资者更准确地估计市场走势，提供可靠的信息以支持投资决策。通过观察碳指数的变动，投资者可以了解市场对碳排放的看法和预期，从而制定更合适的投资策略。

（3）促进碳市场的统一和标准化

碳指数的发布有助于统一各碳市场的定价规则，推动碳市场的统一和标准化发展。通过比较不同市场的碳价格指数，可以发现市场的差异和不足之处，进而推动市场的改进和完善。

（4）推动全球温室气体减排

碳指数的广泛应用有助于推动全球温室气体减排工作。通过碳市场的价格机制，可以促进企业和个人减少温室气体排放，从而实现全球气候治理的目标。碳指数可以为企业识别市场机会，从而更有效地实施投资计划，减少能源浪费和温室气体排放；还可以帮助投资者选择恰当的投资操作，以有效地面对不断变化的市场环境，提高资产安全。

（5）提高市场信息透明度

碳指数可以充分反映碳市场的信息，包括碳资产供求状况、各类能源价格、企业的减排成本及政府的政策导向等。这些信息对于投资者和决策者来说具有重要的参考价值，有助于提高市场的信息透明度和公平性。

8.1.3　碳指数的编制

碳指数的编制主要包括选择样本、收集数据、计算指数、发布与更新四个步骤。

1. 选择样本

根据碳市场的规模和影响力，选择具有代表性的碳市场作为样本。这些样本市场应覆盖不同的地理区域和行业领域，以确保指数的全面性和代表性。例如，欧洲能源交易所发布的 GCI-Core 的样本就包含了欧盟碳排放权交易体系（EU ETS）、美国加州总量控制与交易体系（California Cap and Trade Program，CCA）、英国碳排放权交易体系（United Kingdom Emissions Trading Scheme，UK ETS）和美国东北部及大西洋中部各州区域温室气体倡议（RGGI），并给各样本市场赋予了不同的权重。

2. 收集数据

从选定的样本市场中收集碳资产（如碳排放权配额、CER 等）的交易价格数据。这些数据通常包括每日的开盘价、收盘价、最高价、最低价以及交易量等信息。例如，全球碳指数（GCI-Core）的样本市场价格数据选取的就是该市场当年 12 月份到期的期货合约价格。

3. 计算指数

根据收集到的数据，按照一定的计算方法和公式，计算出碳指数的数值。具体的计算方法可能因指数类型而异，通常包括加权平均法、几何平均法等。

4. 发布与更新

将计算出的碳指数值通过适当的渠道进行发布，并定期更新以反映市场价格的最新变动情况。例如，GCI-Core 系列每个工作日在 EEX Transparency Platform 发布。

8.1.4 碳指数的应用案例

1. 欧洲能源交易所（EEX）的全球碳指数（GCI）系列

欧洲能源交易所（EEX）在 2023 年 9 月 5 日宣布发布全球碳指数（GCI）系列（表 8-1），包括 Global Carbon Index Core（GCI-Core）和 Global Carbon Index Extended（GCI-Extended）。该指数系列每个工作日在 EEX Transparency Platform 发布。该指数系列旨在反映欧盟、北美和亚太等世界最成熟碳市场的价格变动，以期为快速发展的碳市场提供决策参考。

表 8-1 全球碳指数（GCI）系列⊖

GCI 系列	GCI-Core	GCI-Extended
市场范围	EU ETS、UK ETS、CCA、RGGI	EU ETS、UK ETS、CCA、RGGI、Korea ETS、China ETS、NZ ETS
市场权重	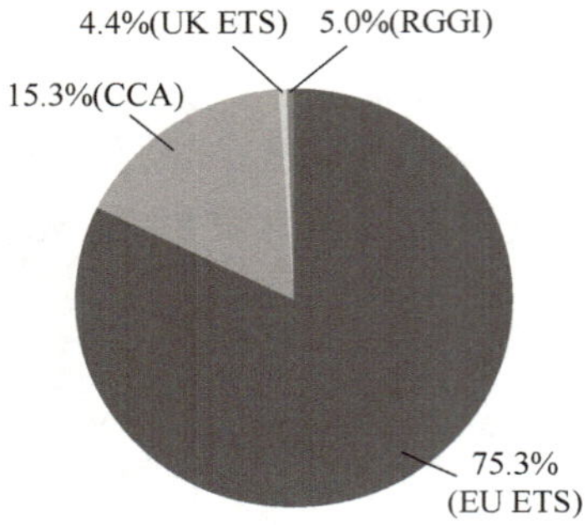 4.4%(UK ETS) 5.0%(RGGI) 15.3%(CCA) 75.3%(EU ETS)	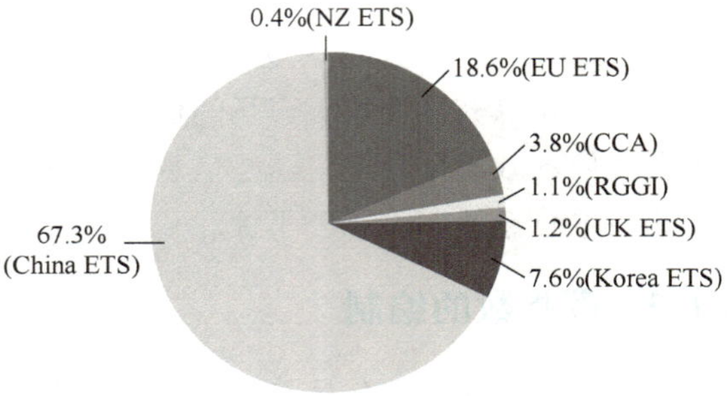 0.4%(NZ ETS) 18.6%(EU ETS) 3.8%(CCA) 1.1%(RGGI) 1.2%(UK ETS) 7.6%(Korea ETS) 67.3%(China ETS)
市场价格	该市场当年 12 月到期的期货合约价格	市场现货价格，其中，CCA 和 RGGI 市场使用下月到期的期货合约价格

（1）GCI-Core

GCI-Core 包含 EU ETS、CCA、UK ETS 和 RGGI 四个碳市场的价格变动情况。依据市场碳排放总额的规模，在 GCI-Core 中，EU ETS 占比 75.3%、CCA 占比 15.3%、UK ETS 占比 4.4%、RGGI 占比 5.0%。可见欧洲碳市场在 GCI-Core 中占比最大。

（2）GCI-Extended

GCI-Extended 则在 GCI-Core 包含的 EU ETS、CCA、UK ETS 和 RGGI 基础上，加入了中国碳排放权交易体系（China ETS）、韩国碳排放权交易体系（Korea ETS）和新西兰碳排放权交易体系（NZ ETS），以更全面地反映全球主要碳市场的价格总体变动情况。同样依据市场碳排放总额的规模，在 GCI-Extended 中，EU ETS 占比 18.6%、CCA 占比 3.8%、RGGI 占比 1.1%、UK ETS 占比 1.2%、Korea ETS 占比 7.6%、China ETS 占比 67.3%、NZ ETS 占比 0.4%。可见，中国碳市场在 GCI-Extended 中占比最大。

⊖ 资料来源：欧洲能源交易所。

2. 北京绿色交易所的中碳指数体系

2014 年 6 月，北京绿色金融协会开发推出中碳指数，选取北京、天津、上海、广东、湖北和深圳等 6 个已经开市交易的碳排放权交易试点地区的碳排放配额线上成交均价作为样本编制而成。该指数以成交均价为主要参数，衡量样本地区在一定期间内整体市值的涨跌变化情况，是综合反映国内各个试点碳市场成交价格和流动性的指标。该指标体系主要包括中碳市值指数和中碳流动性指数两只指数，在北京绿色交易所平台发布，如图 8-1 所示。

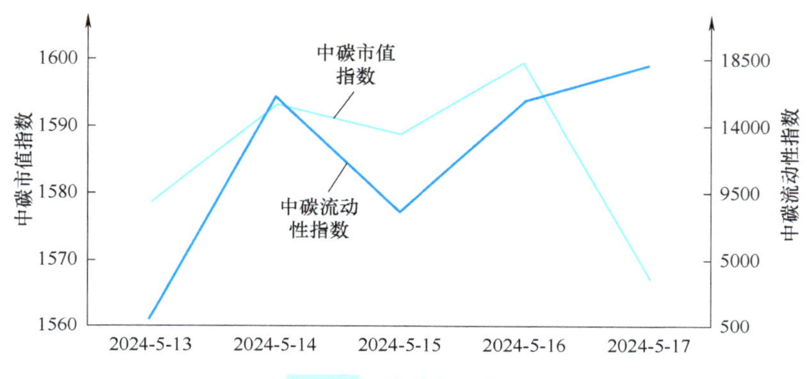

图 8-1　中碳指数体系

3. 复旦大学的复旦碳价指数

2021 年 11 月 7 日，复旦大学经济学院推出复旦碳价指数（Carbon Price Index of Fudan, CPIF）。该指数是针对各类碳交易产品的系列价格指数，反映碳市场各交易品特定时期价格水平的变化方向、趋势及程度。首批包括 5 项指数，分别为全国碳排放配额价格指数，北京和上海、广州、其他地方试点履约自愿核证排放量（CCER）价格指数，以及全国 CCER 价格指数。

8.2 碳基金

8.2.1 碳基金概述

1. 碳基金的概念

碳基金（Carbon Fund）是指依法可投资碳资产的各类资产管理产品。具体而言，碳基金是指由政府、金融机构、企业或个人投资设立的专门基金，致力于在全球范围购买碳信用或投资于温室气体减排项目，经过一段时间后给予投资者回报，以助力改善全球气候问题。碳基金是碳市场环境下金融创新的需求，特别是在碳市场发展的早期阶段，碳基金的建立和发展在引导控排企业履约、开发碳资产、推动民营企业参与碳排放权交易、推进低碳技术的发展等方面都有着深远的影响。

碳基金的概念界定

碳基金多属于投资基金，从设立目标、运行模式、组织形式等角度看，碳基金与投资基金都具有高度的一致性。投资基金是指以信托、契约或者公司的形式，通过发行基金证券，如受益凭证、基金单位、基金股份等，将众多的、不确定的社会闲散资金募集起来，形成一定规模的信托资产，交由专门机构的专业人员按照专业投资技术（如资产组合原理）或经验合理安排投资策略（如分散投资），获取利益后按出资比例分享投资收益的一种投资工具。碳基金的设立目的与绿色债券、信托等金融产品相似，都是为了募集一定数量的资金支持低碳节能产业的发展，降低二氧化碳排放，实现碳中和目标。

全球范围内首支碳基金由世界银行于2000年设立。该碳基金为落实《京都议定书》框架下的清洁发展机制（CDM）和联合履约机制（JI），由承担减排义务的发达国家的政府和企业出资，购买发展中国家环保项目的减排额度，从而实现三个重要目标：增强发展中国家从温室气体减排市场中受益的能力；确保碳金融在致力于全球环境问题的基础上能够贡献于可持续发展；有助于建设、保障和发展温室气体减排市场。

自此之后的20多年间，由于碳基金蕴含着巨大的商业机会，越来越多的国家、地区、金融机构等相继出资设立碳基金，在全球范围内开展碳减排或低碳项目的投资，购买或出售从项目中产生的可计量的碳信用指标（如CER），碳基金迎来了高速发展的黄金年代。

2. 碳基金的特点

（1）环保导向性

碳基金设立的核心目标是应对气候变化、减少温室气体排放，促进低碳经济的发展。碳基金通过投资和支持各类低碳项目，推动能源结构优化、提高能源利用效率、发展可再生能源等，以实现环境保护和可持续发展。

（2）专业性

碳基金投资管理需要具备专业的知识和技能，包括对碳市场的深入理解、对低碳技术的评估能力、对气候变化政策的精准把握等。

（3）长期投资特性

由于绝大部分低碳项目的收益实现周期较长，碳基金往往是一种长期投资工具，需要有比较长期稳定的资金来源来支持项目的发展和成熟。

（4）政策敏感性

碳基金的运作和发展深受国家和地区的气候变化政策、能源政策、环境政策等的影响，政策的变动可能会直接影响碳基金的投资方向和收益水平。

（5）资金来源多元化

碳基金的资金来源渠道比较多元化，包括政府拨款、企业捐赠、国际组织资助、社会公众投资等多种渠道，以满足其大规模的资金需求。

（6）创新性

碳基金通常不断探索新的投资模式和合作方式，以适应快速变化的低碳领域和市场环境。

3. 碳基金的分类

碳基金可以依据不同的标准进行分类，常见的分类方式是按照股东结构（即资金来源）划分，具体可分为三种类型：

（1）公共基金

1）由政府设立，政府管理。此类碳基金由政府独立出资设立，并且独立管理运营，如奥地利政府 2003 年创立的奥地利 JI/CDM 项目，芬兰政府 2000 年设立的 JI/CDM 试验计划等。这类基金的资金全部来自政府，并且由政府机构管理，如上述芬兰的 JI/CDM 试验计划基金由外交部管理，而奥地利则成立了专门的地区信贷公共咨询公司（KPC）代表政府对与碳基金进行管理。

2）由国际组织和政府合作设立。此类基金主要由世界银行等国际金融机构与各国政府之间的合作促成。此类基金的模式是出资全部由政府承担，国际金融机构参与设立并由国际金融机构管理，如荷兰的支持发展中国家在 CDM 下产生信用的荷兰碳基金（NCDMF）。

3）由政府设立，采用企业模式运作。此类碳基金由政府投资、按企业模式运作，基金属于独立的有限责任公司或股份有限公司，具有独立的法人资格。如英国碳基金，该基金 2001 年由英国政府投资，是按照企业模式运作的公益性基金，有着严格的管理和制度保证，其运作资金主要来自“气候变化税”。英国碳基金尽管是由政府出资发起设立的，但是具有独立的法人地位。政府并不干预其日常经营管理，碳基金的开支、投资、人员的工资奖金等全部由董事会决定。

（2）公私混合基金

公私混合基金由政府与企业合作出资设立，采用商业化管理。

此类基金由政府和私营企业按比例共同出资，国际金融机构参与合作设立并由国际金融机构管理，世界银行的碳基金大多属于此种类型。如成立于 2005 年的丹麦碳基金，由该国外交部、环保署与另外 3 家私营公司共同出资，世界银行参与设立并进行管理。日本于 2004 年 11 月设立的日本碳基金也属此类，其资金来源于日本 31 家私营企业和两家政策性银行，由这两家政策性银行代表日本政府管理该基金。

（3）私募基金

私募基金由企业独立出资设立，并采取企业化管理方式。

此类碳基金规模通常较小，主要从事 CER 的交易。如以英国气候变化资本集团（Climate Change Capital，CCC）为出资人的 CCC 基金，即是由企业出资并采取企业方式管理，从而实现商业利益的碳基金。

8.2.2　碳基金的运作机制

碳基金的运作机制主要包括碳基金的组织结构、投资方式、风险控制机制和退出机制。

1. 组织结构

碳基金多以信托的方式在基金投资者和基金管理公司之间建立起托管人与受益人的关系；管理结构与有限责任公司和股份有限公司相似；业务运行通常由基金托管人负责，往往会设立专业的碳基金业务管理团队来具体执行。碳基金的组织结构如图 8-2 所示。

2. 投资方式

碳基金的投资方式主要有三种：碳减排量购买协议（Emission Reduction Purchase Agreement，ERPA）、直接融资（Direct Financing）及 N/A（Not Available）。具体来说，碳减排量购买协议是碳交易的一种形式，是合同的一方通过支付另一方获得温室气体减排量，碳减排量购买协议为碳基金直接收购温室气体排放量。直接融资是指碳基金直接为低碳或者减排项目提供融资支持，以较低价格获得碳信用指标（如 ERU、CER 等）。N/A 投资方式则是指碳基金考虑投资项目的目标，是一种更具灵活性的投资方式。

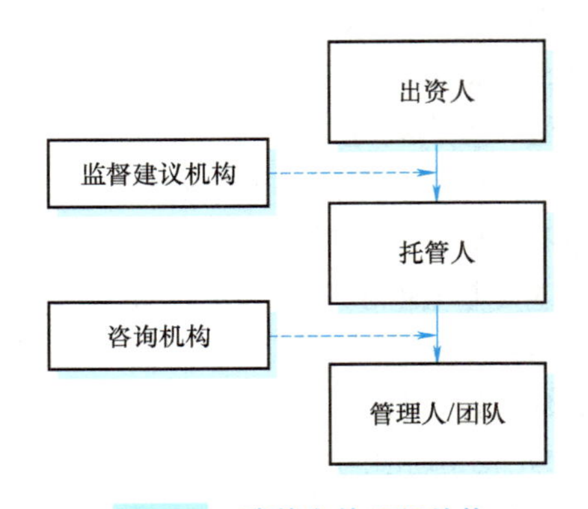

图 8-2 碳基金的组织结构

资料来源：中国节能协会碳中和专业委员会。

从碳基金的发展路径来看，国际范围内碳基金最主要采用的投资方式为碳减排量购买协议（ERPA）。然而，随着国际碳市场的不断发展成熟，越来越多的私人资本涌入，私募碳基金的数量激增，而私募基金更偏好直接融资的方式，因此国际碳基金采取直接融资方式进行投资的比例有所上涨。

3. 风险控制机制

（1）风险类型

碳基金投资 CDM 项目主要面临政策不确定性风险和 CDM 市场交易风险。

1）政策不确定性风险。政策不确定性风险是指国际社会应对气候变化的政策存在较大不确定性，发达国家与发展中国家在减排目标、融资支持和监督实施等方面尚未形成统一意见，导致未来一段时期全球应对气候变化政策不完全明确，国际碳排放权交易市场前景不明朗。由于 CDM 项目所产出的核证减排量（CER）主要通过国际碳排放权市场交易实现收益，这造成 CDM 项目收益的不确定性提高，对投资该类项目的碳基金产生显著影响。

2）CDM 市场交易风险。CDM 市场交易风险是指 CDM 项目审查程序复杂严格，风险环节较多。CDM 项目全面实施需要完成项目设计和描述、国家批准、审查登记、项目融资、检测、核实认证和签发核证 CER 等 7 个步骤，每个步骤都可能带来风险，如审批风险、审查风险、注册风险、核证风险、CER 的交付风险和价格风险、汇率变动风险、国际气候政策变化风险等。

（2）风险控制措施

鉴于上述风险，碳基金的风险控制可以从以下方面采取措施：

1）明确参与方职责并实行风险分摊机制。清晰界定包括碳基金在内的 CDM 项目各参与方的职责，通过合理的合同约定和协议安排，将风险在各参与方之间进行分摊，以降低单个碳基金承担的风险。

2）深入了解政策环境。密切关注国际社会应对气候变化的政策变化，以及主要发达国家的温室气体减排政策。政策的不确定性会给碳排放权交易带来风险，及时掌握政策动态有助于提前做出应对。

3）严格评估 CDM 项目。在投资 CDM 项目前，对项目进行全面、严格的评估，包括项目设计、与东道国政策的契合度、技术可行性等，以降低审批风险。

4）选择可靠的合作伙伴。例如专业的指定经营实体（DOE），其具备系统的核证思路和良好的信誉，能降低审查和核证风险。

5）关注项目注册环节。确保项目申报材料的准确性和完整性，以减少注册风险。

6）管理 CER 交付和价格风险。对核证减排量（CER）的交付过程进行有效管理，同时关注国际碳市场价格波动，采取适当的对冲策略或风险规避措施。

7）应对汇率变动风险。考虑采用适当的金融工具对冲汇率波动可能带来的损失。

8）培养专业人才队伍。拥有具备 CDM 项目专业知识、市场分析能力和风险管理经验的人才，有助于更好地识别、评估和应对各种风险。

9）分散投资。不要将资金集中投资于少数项目或单一类型的碳基金，可通过分散投资降低个别项目或市场波动对整体投资组合的影响。

4. 退出机制

碳基金的退出机制是确保基金实现投资回报并顺利结束运作的重要环节。以下是常见的碳基金退出机制：

（1）项目出售

碳基金可以将其所投资的碳减排项目或相关资产出售给其他投资者或相关企业。通过这种方式，碳基金可以实现资本的回收和增值。例如，碳基金投资了一个可再生能源项目，当该项目达到一定的成熟阶段后，将其出售给一家能源公司，从而实现退出。

（2）碳排放权交易

如果碳基金通过投资项目获得了碳排放权，它可以在碳排放权交易市场上出售这些排放权，实现资金的回笼。例如，碳基金投资的项目产生了一定数量的核证减排量（CER），碳基金可以在国际或国内的碳排放权交易市场上出售这些 CER，完成退出。

（3）企业并购

在某些情况下，碳基金所投资的项目或相关企业可能会被其他企业并购，则碳基金可以通过这种方式实现退出，并获得相应的收益。例如，一家从事碳捕获和封存技术的企业被一家大型能源公司收购，碳基金作为该企业的早期投资者，可以通过此次并购实现退出。

（4）基金到期清算

碳基金通常会设定一定的存续期限。当基金到期时，基金管理人会对基金的资产进行清算，将剩余资产按照基金份额分配给投资者，从而实现基金的退出。

（5）股权转让

碳基金可以将其在项目公司或相关企业中的股权出售给其他投资者，实现退出。例如，碳基金持有一家低碳交通企业的部分股权，在适当的时候将这些股权转让给其他战略投资者或财务投资者，从而实现退出。

不同的碳基金可能会根据其投资策略、项目特点和市场情况选择合适的退出机制。对退出机制的选择需要综合考虑多种因素，如市场需求、资产价值、投资回报要求等，以确保基金能够顺利实现退出并为投资者带来合理的回报。

8.2.3 碳基金的应用案例——碳基金在我国的发展[⊖]

相比欧洲，我国碳基金仍然处于起步阶段。我国的碳基金早期大部分是专注于投资绿色低碳企业股权的私募基金，投资于国内碳市场的基金在 2014 年后才逐渐开始涌现。总体来看，我国的碳基金主要有以下几类：

（1）国家层面的碳基金

中国清洁发展机制基金，成立于 2007 年 11 月 9 日，由国家财政部主管，扶持对象有限选择 CDM 项目，主要通过提供碳减排技术援助和资金来降低 CDM 项目风险，促进落实 CDM 项目排放量的交易，提高公众的低碳环保意识。中国清洁发展机制基金属于按照社会性基金模式管理的政策性基金，其资金来源主要有：通过 CDM 项目转让温室气体排放量所获得的收入中属于国家所有的部分；基金运营收入，国内外机构、组织和个人的捐赠等。

中国绿化基金会成立于 1985 年 9 月 27 日，由林业局主管，旗下设有 4 个专项基金：中国绿色碳基金（China Green Carbon Fund，CGCF）、绿色 1+1 专项基金、碳中和基金和生态城市发展基金，是全国性的公募基金会。其中，中国绿色碳基金（CGCF）成立于 2007 年，发起者包括国家林业和草原局、中国石油天然气集团公司、中国绿化基金会和嘉汉林业（中国）投资有限公司。该基金主要用于支持应对气候变化活动的专业造林减排、管理森林和建设能源树林基地等形式增加碳汇等项目。

（2）地方政府背景的碳基金

随着国家各项低碳政策的出台，各省市也开始尝试建立低碳基金。例如，广东省政府于 2009 年成立的广东绿色产业投资基金，总规模为 50 亿元，由政府引导资金 5000 万元和社会资金 49.5 亿元共同组成。投资方向主要是节能减排的项目，或者从事节能装备、新能源开发的高新技术企业股权。

2021 年 7 月 16 日，全国碳市场上线交易启动仪式湖北分会场暨首届 30·60 国际会议在武汉举行，会上同时诞生了两只碳基金。武汉市人民政府、武昌区人民政府与各大金融机构、产业资本共同宣布，将共同成立总规模为 100 亿元的武汉碳达峰基金。这是目前国内首只由地方政府牵头组建的百亿级碳基金。该基金将立足武汉、面向全国，优选碳达峰、碳中和行动范畴内的优质企业，细分行业龙头进行投资。基金重点关注绿色低碳先进技术产业化项目，以成熟期投资为主，通过资本赋能加快绿色低碳转型提速，助力湖北省武汉市打造绿色低碳产业集群，实现中部绿色崛起。

（3）社会碳基金

中国碳基金成立于 2006 年，总部位于荷兰，为国内 CDM 项目产生的实体排放量进入国

⊖ 案例资料来源：中国节能协会碳中和专业委员会。

际碳排放市场交易提供全流程覆盖的专业性服务，为我国与国际碳市场接轨进行交流与合作提供了平台，是我国碳金融开展国际合作的重要桥梁。

其他社会碳基金还包括市场化创投碳基金。如浙商诺海低碳基金，由浙商创投股份有限公司于 2010 年发起，是我国一直致力于低碳领域的私募股权投资基金，主要投资方向为低碳经济领域的节能、环保、新能源等行业中具有自主创新能力和自主知识产权的高成长性企业。

第9章 碳资产管理案例

9.1 我国高耗能行业碳资产管理

9.1.1 火电行业碳排放核算

1. 排放源界定

根据《企业温室气体排放核算方法与报告指南 发电设施》，火力发电温室气体核算边界为发电设施，主要为燃烧系统、汽水系统、电气系统、控制系统和除尘及脱硫脱硝等装置的集合。温室气体排放核算为化石燃料燃烧产生的二氧化碳排放、企业购入电力产生的二氧化碳排放。

火电碳排放核算边界参考《企业温室气体排放核算方法与报告指南 发电设施（2022年修订版）》，如图9-1所示。

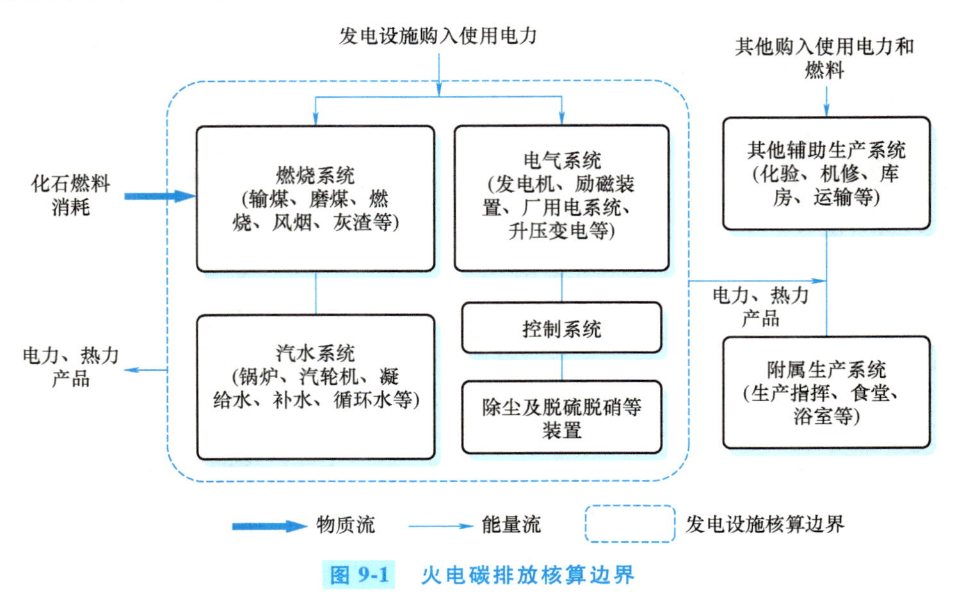

图9-1 火电碳排放核算边界

2. 计算方法

总计算公式如下：

$$E = E_{燃烧} + E_{电} \tag{9-1}$$

式中　E——二氧化碳排放总量（tCO_2）；

$E_{燃烧}$——化石燃料燃烧排放量（tCO_2）；

$E_{电}$——企业购入的电力消费的排放量（tCO_2）。

（1）燃烧过程

$$E_{燃烧} = \sum_{i=1}^{n}\left(FC_i \times C_{ar,i} \times OF_i \times \frac{44}{12}\right) \tag{9-2}$$

式中　$E_{燃烧}$——化石燃料燃烧的排放量（tCO_2）；

FC_i——第 i 种燃料净消耗量（10^4Nm^3）；

$C_{ar,i}$——第 i 种化石燃料的基元素碳含量（tC/t 或 $tC/10^4Nm^3$）；

OF_i——第 i 种燃料的碳氧化率，以%表示，燃煤的碳氧化率取 99%；

$\frac{44}{12}$——二氧化碳与碳的相对分子量之比；

i——化石燃料的种类。

$$C_{ar,i} = NCV_{ar,i} \times CC_i \tag{9-3}$$

式中　$NCV_{ar,i}$——第 i 种燃料的平均低位发热量（GJ/t 或 $GJ/10^4Nm^3$）；

CC_i——第 i 种燃料的单位热值含碳量（tC/GJ）；

（2）净购入电力排放

对于净购入使用电力产生的二氧化碳排放（$E_{电}$），用净购入电量乘以该区域电网平均供电排放因子得出：

$$E_{电} = AD_{电} \times EF_{电} \tag{9-4}$$

式中　$AD_{电}$——企业的净购入电量（$MW \cdot h$）；

$EF_{电}$——电网排放因子（$tCO_2/(MW \cdot h)$）。

3. 活动水平数据及其来源

化石燃料中燃煤数据应优先采用实测数据，每月或每季度核对；燃油、燃气消耗量应优先采用每月连续测量结果。不具备连续测量条件的，通过盘存测量得到购销存台账中的月度消耗量数据。

购入使用电量按照以下优先顺序获取：①根据电表记录的读数统计；②供应商提供给的电表结算凭证。

4. 排放因子及其确定方法

各种燃料品种的单位发热量和含碳量，各种燃料主要燃烧设备的碳氧化率，如未进行实测，建议采用《省级温室气体清单编制指南》推荐的化石燃料燃烧温室气体排放因子，或利用《IPCC 国家温室气体清单指南》推荐的缺省排放因子。本书中化石燃料采取《企业温室气体排放核算方法与报告指南　发电设施（2022 年修订版）》中的数值，详见表 9-1。

表 9-1　常用化石燃料相关参数缺省值

能源名称	计量单位	低位发热量[⑥]/（GJ/t 或 GJ/10^4Nm^3）	单位热值含碳量/（tC/GJ）	碳氧化率（%）
原油	t	41.816[①]	0.02008[②]	98[②]
燃料油	t	41.816[①]	0.0211[②]	
汽油	t	43.070[①]	0.0189[②]	
煤油	t	43.070[①]	0.0196[②]	
柴油	t	42.652[①]	0.0202[②]	
其他石油制品	t	41.031[④]	0.0200[③]	
液化石油气	t	50.179[①]	0.0172[③]	
液化天然气	t	51.498[⑤]	0.0172[③]	
炼厂干气	t	45.998[①]	0.0182[②]	
天然气	10^4Nm^3	389.31[①]	0.01532[②]	99[②]
焦炉煤气	10^4Nm^3	173.54[④]	0.0121[③]	
高炉煤气	10^4Nm^3	33.00[④]	0.0708[③]	
转炉煤气	10^4Nm^3	84.00[④]	0.0496[③]	
其他煤气	10^4Nm^3	52.27[①]	0.0122[③]	

① 数据取值来源为《中国能源统计年鉴 2021》。
② 数据取值来源为《省级温室气体订单编制指南（试行）》。
③ 数据取值来源为《2006 年 IPCC 国家温室气体清单指南》。
④ 数据取值来源为《中国温室气体清单研究》。
⑤ 数据取值来源为 GB/T 2589《综合能耗计算通则》。
⑥ 根据国际蒸汽表卡换算，热功当量值取 4.1868kJ/kcal。

根据《企业温室气体排放核算方法与报告指南　发电设施（2022 年修订版）》为 0.5810tCO_2/（MW·h），并根据生态环境部发布的最新数值适时更新。

9.1.2　钢铁行业碳排放核算

1. 排放源界定

钢铁企业碳排放包括化石燃料燃烧排放、生产过程排放、企业购入电力与热力排放、输出的电力与热力排放及固碳产品隐含的排放五类。钢铁企业碳排放及核算边界参考 GB/T 32151.5—2015《温室气体排放核算与报告要求　第 5 部分：钢铁生产企业》，如图 9-2 所示。

2. 计算方法

本书主要采用《省级温室气体清单编制指南》推荐的计算方法：

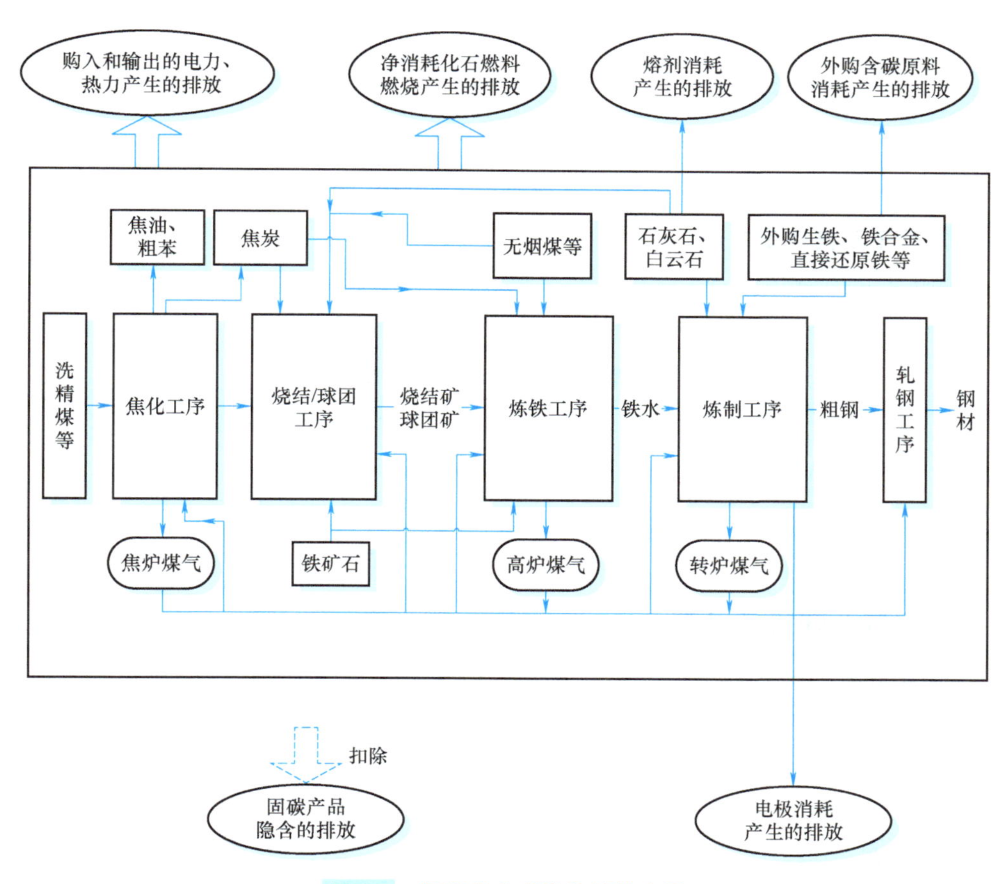

图 9-2　钢铁企业碳排放核算边界

$$E_{CO_2} = AD_1 \times EF_1 + AD_d \times EF_d + (AD_r \times F_r - AD_s \times F_s) \times \frac{44}{12} \tag{9-5}$$

式中　E_{CO_2}——钢铁生产过程二氧化碳排放量；

AD_1——所在省级辖区内钢铁企业消费的作为熔剂的石灰石的数量；

EF_1——作为熔剂的石灰石消耗的排放因子；

AD_d——所在省级辖区内钢铁企业消费的作为熔剂的白云石的数量；

EF_d——作为熔剂的白云石消耗的排放因子；

AD_r——所在省级辖区内炼钢用生铁的数量；

F_r——炼钢用生铁的平均含碳率；

AD_s——所在省级辖区内炼钢的钢材产量；

F_s——炼钢的钢材产品的平均含碳率。

3. 活动水平数据及其来源

需要收集的活动水平数据为石灰石和白云石的年消耗量，以及炼钢的生铁投入量和钢材产量，主要通过查阅《中国钢铁工业年鉴》、统计部门相关数据及企业实测等获取，见表 9-2。

表 9-2 钢铁生产过程活动水平数据

类别	单位	数值	类别	单位	数值
石灰石消耗量	万 t		炼钢用生铁量	万 t	
白云石消耗量	万 t		钢材产量	万 t	

4. 排放因子及其确定方法

以实测排放因子为佳，若无本地实测排放因子，可采用《省级温室气体清单编制指南（试行）》推荐的排放因子或基本参数估算钢铁生产过程排放量，见表 9-3。

表 9-3 钢铁生产过程排放因子或基本参数

类别	单位	数值	类别	表示方法	数值
石灰石消耗	tCO_2/t 石灰石	0.430	生铁平均含碳率	%	4.1
白云石消耗	tCO_2/t 白云石	0.474	钢材平均含碳率	%	0.248

9.1.3 水泥行业碳排放核算

1. 排放源界定

水泥生产过程中的二氧化碳排放来自水泥熟料的生产过程。熟料是水泥生产的中间产品，它是由水泥生料经高温煅烧发生物理化学变化后形成的。水泥生料主要由石灰石及其他配料配制而成。在煅烧过程中，生料中的碳酸钙和碳酸镁会分解排放出二氧化碳。

2. 计算方法

本书主要采用《IPCC 国家温室气体清单指南》，从产量、熟料生产数据与碳酸盐给料数据三个不同方面对水泥碳排放核算方法进行介绍。

（1）基于水泥产量的排放核算公式

$$E_{CO_2}=[\sum(M_{ci}\times C_{cli})-\mathrm{Im}+\mathrm{Ex}]\times \mathrm{EF}_{clc} \tag{9-6}$$

式中 E_{CO_2}——核算期内二氧化碳排放总量（tCO_2）；

M_{ci}——生产的 i 类水泥质量（t）；

C_{cli}——i 类水泥熟料的比例（%）；

Im——熟料消耗的进口量（t）；

Ex——熟料的出口量（t）；

EF_{clc}——特定水泥中熟料的排放因子（tCO_2/t 熟料）。

（2）基于熟料生产的排放核算公式

$$E_{CO_2}=M_c\times \mathrm{EF}_{cl}\times \mathrm{CF}_{ckd} \tag{9-7}$$

式中 E_{CO_2}——核算期内二氧化碳排放总量（tCO_2）；

M_c——生产的熟料质量（t）；

EF_{cl}——熟料的排放因子（tCO_2/t 熟料）；

CF_{ckd}——水泥窑尘的排放修正因子，无量纲。

（3）基于炉窑中碳酸盐原材料给料的排放核算公式

$$E_{CO_2}=\sum(EF_i\times M_i\times F_i)-M_d\times C_d\times(1-F_d)\times EF_d+\sum(M_k\times X_k\times EF_k) \tag{9-8}$$

式中 E_{CO_2}——核算期内二氧化碳排放总量（tCO_2）

EF_i——特定碳酸盐 i 的排放因子（tCO_2/t 碳酸盐）；

M_i——炉窑中消耗的碳酸盐 i 的质量（t）；

F_i——碳酸盐 i 中获得的部分煅烧（%）；

M_d——未回收到炉窑中的质量（t）；

C_d——未回收到炉窑中原始碳酸盐的质量比例（%）；

F_d——未回收到炉窑中获得的比例煅烧（%）；

EF_d——未回收到炉窑中内未煅烧碳酸盐的排放因子（tCO_2/t 碳酸盐）；

M_k——有机或其他碳类非燃料原材料 k 的质量（t）；

X_k——特定非燃料原材料 k 中总的有机物或其他碳类的比例（%）；

EF_k——油原类非燃料原材料 k 的排放因子（tCO_2/t 碳酸盐）。

3. 活动水平数据及其来源

所需要的活动水平数据来自所在省市区扣除了用电石渣生产的熟料数量之后的水泥熟料产量、《中国水泥年鉴》，利用电石渣生产熟料的产量需要实地调查。

4. 排放因子及其确定方法

若无本地实测排放因子，建议采用推荐的排放因子估算水泥生产过程排放量，见表 9-4。

表 9-4　水泥生产过程排放因子

类别	单位	数值
水泥生产过程排放因子	tCO_2/t 熟料	0.538

9.1.4　新能源接入电网后的碳资产管理方法

随着“双碳”目标的提出，我国新能源项目迅速发展，需要建立有效的碳资产管理方法来实现碳核算。其中包括建立全面的碳核算体系，准确计算新能源发电过程中的碳排放量，并跟踪碳减排效果。通过实施全面的碳核算和管理方法，我国可更好地管理碳资产，推动新能源接入电网的发展，实现低碳经济转型。

可根据生态环境部发布的《温室气体自愿减排项目方法学　并网光热发电（CCER—01—001—V01）》与《温室气体自愿减排项目方法学　并网海上风力发电（CCER—01—002—V01）》对我国并网新能源项目碳排放量进行核算。

1. 新能源发电并网项目核算边界

新能源发电并网项目边界包括项目发电及配套设施、项目所在区域电网中的所有发电设施、变电站与其他并网发电厂，如图 9-3 所示。

2. 排放源界定

按照项目碳减排核算边界，项目排放源可分为基准线情景与项目情景。其中，基准线情景为项目替代的所在区域电网的其他并网发电厂发电产生的排放；项目情景为项目运行过程中所产生的各类排放。各情景内排放源选择见表 9-5。

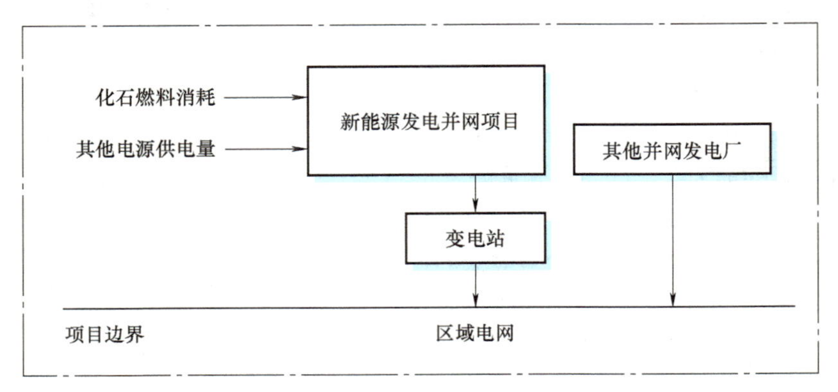

图 9-3 新能源发电并网项目核算边界

表 9-5 项目温室气体种类与排放源界定

温室气体排放源		温室气体种类	是否选择	理由
基准线情景	项目替代的所在区域电网的其他并网发电厂（包括可能的新建发电厂）发电产生的排放	CO_2	是	主要排放源
		CH_4	否	次要排放源，按照保守性原则不计此项
		N_2O	否	次要排放源，按照保守性原则不计此项
项目情景	1. 化石燃料消耗产生的排放 2. 项目运维电力消耗产生的排放 3. 项目备用发电机、运维车辆等使用化石燃料产生的排放	CO_2	是	主要排放源，其中第 3 项排放量小，为降低项目实施和管理成本，计为 0
		CH_4	否	次要排放源，忽略不计
		N_2O	否	次要排放源，忽略不计

3. 计算方法

新能源并网项目碳排放量按照《温室气体自愿减排项目方法学》进行核算，具体介绍如下。

（1）基准线排放量

$$BE_y = EG_{PJ,y} \times EF_{grid,CM,y} \tag{9-9}$$

式中 BE_y——第 y 年的项目基准线排放量（tCO_2）；

$EG_{PJ,y}$——第 y 年的项目净上网电量（MW · h）；

$EF_{grid,CM,y}$——第 y 年的项目所在区域电网的组合边际排放因子（$tCO_2/(MW \cdot h)$）。

其中，项目第 y 年的净上网电量确定如下：

$$EG_{PJ,y} = EG_{export,y} - EG_{import,y} \tag{9-10}$$

式中 $EG_{export,y}$——第 y 年的项目输送至区域电网的上网电量（MW · h）；

$EG_{import,y}$——第 y 年的区域电网输送至项目的下网电量（MW · h）。

项目第 y 年所在区域电网的组合边际排放因子确定如下：

$$EF_{grid,CM,y}=EF_{grid,OM,y}\times\varpi_{OM}+EF_{grid,BM,y}\times\varpi_{BM} \tag{9-11}$$

式中　$EF_{grid,OM,y}$——第 y 年的项目所在区域电网的电量边际排放因子（$tCO_2/(MW\cdot h)$）；

$EF_{grid,BM,y}$——第 y 年的项目所在区域电网的容量边际排放因子（$tCO_2/(MW\cdot h)$）；

ϖ_{OM}——电量边际排放因子的权重，数值取 0.5；

ϖ_{BM}——容量边际排放因子的权重，数值取 0.5。

（2）项目排放量

新能源发电并网项目计算见下式，其中，并网海上风电项目排放量主要来自备用发电机、运维船舶和车辆使用化石燃料产生的排放，但考虑其排放量较小，为降低项目实施和管理成本，直接计为 0：

$$PE_y=\sum FC_{i,y}\times COEF_{i,y} \tag{9-12}$$

式中　PE_y——第 y 年的项目排放量（tCO_2）；

$FC_{i,y}$——第 y 年的项目第 i 种化石燃料消耗量（t 或万 Nm^3）；

$COEF_{i,y}$——第 y 年的项目消耗第 i 种化石燃料的 CO_2 排放系数，（tCO_2/t 或 tCO_2/万 Nm^3）；

i——化石燃料种类，$i=1，2，3，\cdots$。

项目第 y 年消耗第 i 种化石燃料的 CO_2 排放系数确定如下：

$$COEF_{i,y}=NCV_{i,y}\times CC_{i,y}\times OF_{i,y}\times\frac{44}{12} \tag{9-13}$$

式中　$NCV_{i,y}$——第 y 年的项目消耗第 i 种化石燃料的平均低位发热量（GJ/t 或 GJ/万 Nm^3）；

$CC_{i,y}$——第 y 年的项目消耗第 i 种化石燃料的单位热值含碳量（tC/GJ）；

$OF_{i,y}$——第 y 年的项目消耗第 i 种化石燃料的碳氧化率（%）；

$\frac{44}{12}$——二氧化碳与碳的相对分子质量之比。

（3）项目泄漏计算

新能源发电项目有可能导致上游部门在开采、加工、运输等环节中使用化石燃料等情形，与项目排放量相比，其泄漏较小，可忽略不计。

（4）项目排放量核算

$$ER_y=BE_y-PE_y \tag{9-14}$$

式中　ER_y——第 y 年的项目减排量（tCO_2）；

BE_y——第 y 年的项目基准线排放量（tCO_2）；

PE_y——第 y 年的项目排放量（tCO_2）。

4. 参数数据及来源

区域输送的上网与下网具体电量数据需由电能表监测获得，在项目设计阶段估算排放量时，采用可行性研究报告预估数据。低位发热量、化石燃料单位热值含碳量与化石燃料碳氧化率根据生态环境部发布的最新《企业温室气体排放核算方法与报告指南　发电设施（2022 年修订版）》确定的缺省值确定。

9.2 非 CO_2 类温室气体碳资产管理

根据非 CO_2 类温室气体排放量占比与温室气体核算指南，本节选取甲烷为主要分析对象，对其排放量进行估算。甲烷排放主要来源包括：①能源活动中的煤炭开采、油气系统；②农业活动中的动物肠道发酵、水稻种植；③废弃物处理三大渠道。本节主要对能源活动中的煤炭开采、油气系统所造成的甲烷排放量进行计算。

9.2.1 《IPCC 国家温室气体排放清单指南》和我国《省级温室气体清单编制指南（试行）》

《IPCC 国家温室气体排放清单指南》（*IPCC Guidelines for National Greenhouse Gas Inventories*）是由联合国政府间气候变化专门委员会（IPCC）发布的一份指南，旨在为各国编制温室气体排放清单提供方法和技术指导。

《IPCC 国家温室气体排放清单指南》划分温室气体类别、内容，并对碳排放部门分类，从能源、工业过程和产品使用、农业、林业和其他土地利用、废弃物及其他这六大部门进行温室气体排放和消除的核算。《IPCC 国家温室气体排放清单指南》提供了通用的不同排放系数缺省值与活动数据种类。

《IPCC 国家温室气体排放清单指南》主要包括以下内容：

1）温室气体清单：列出了各种温室气体的定义、特性和计量单位。

2）排放源和吸收源分类：将排放源和吸收源划分为不同的部门和活动，如能源、工业、农业、森林等。

3）测量和计算方法：提供了各种测量和计算方法，用于确定温室气体排放和吸收的数量。

4）不确定性评估：介绍了评估温室气体排放清单中不确定性的方法和技术。

5）数据报告和质量控制：提供了关于数据收集、处理和报告的指导，并介绍了质量控制的方法。

《IPCC 国家温室气体排放清单指南》被广泛应用于各国的温室气体清单编制工作中，为国际气候变化谈判和政策制定提供了重要的数据支持。同时，该指南也为各国之间的排放比较和汇总提供了一致性和可比性基础。

此外，IPCC 针对不同的排放因子给出三个层级的方法：第一层级法为全球平均范围的排放因子；第二层级法为国家或地区的平均值；第三层级法为各矿井实际测量甲烷排放得出。

2010 年，国家发改委组织国家发改委能源研究所和清华大学、中国科学院大气物理研究所、中国农业科学院农业环境与可持续发展研究所、中国林业科学研究院森林生态环境与保护所、中国环境科学研究院气候中心等单位的相关专家，参考《IPCC 国家温室气体清单指南》编制了符合我国国情的《省级温室气体清单编制指南（试行）》。

《省级温室气体清单编制指南（试行）》是对省级区域内一切活动排放和吸收的温室气

体相关信息的汇总清单，共包括七章内容，与《IPCC 国家温室气体清单指南》一致，同样是按部门划分，分为能源活动、工业和生产过程、农业、土地利用变化和林业及废弃物处理。不同部门的清单编制指南分布在第一章至第五章，为碳排放计量工作提供指导；除此之外还包括不确定性方法及质量保证和控制的内容。

《省级温室气体清单编制指南（试行）》中给出的碳排放因子是针对我国国情进行了修改，更加符合我国能源消耗结构具体情况的。

我国的温室气体清单编制工作对于监测、评估和管理温室气体排放，实现减排目标，推动低碳经济转型，以及国际合作与交流具有重要的意义。这将为我国应对气候变化、实现可持续发展做出积极贡献。

9.2.2　煤矿甲烷排放

1. 排放源界定

我国煤炭开采和矿后活动的甲烷排放源主要分为井工开采过程、露天开采过程和矿后活动。其中，井工开采过程排放是指在煤炭井下采掘过程中，煤层甲烷伴随着煤层开采不断涌入煤矿巷道和采掘空间，并通过通风、抽气系统排放到大气中形成的甲烷排放。露天开采过程排放是指露天煤矿在煤炭开采过程中释放的和邻近暴露煤层释放的甲烷。矿后活动排放是指煤炭加工、运输和使用过程，即煤炭的洗选、储存、运输及燃烧前的粉碎等过程中产生的甲烷排放，如图 9-4 所示。

煤矿甲烷排放测算

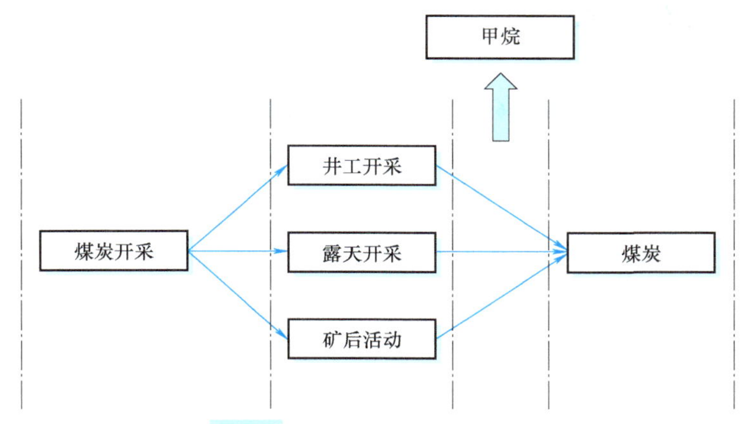

图 9-4　煤炭甲烷排放核算边界

2. 计算方法

IPCC 关于煤矿甲烷排放的计算有三种方法。

1）方法 1 要求各国选择全球平均范围的排放因子，利用特定国家活动数据，来计算排放总量。

2）方法 2 采用特定国家或特定区域的排放因子，此因子表示正在开采煤矿的平均值。下列为方法 1 与方法 2 估算排放的一般计算公式：

$$E_{CH_4}=\mathrm{AD}\times\mathrm{EF}\times\rho_{CH_4} \tag{9-15}$$

式中 E_{CH_4}——煤矿甲烷排放量（t）；

AD——开采原煤产量（t）；

EF——甲烷逃逸排放因子（m^3/t）。

ρ_{CH_4}——甲烷密度，可将甲烷体积转换为甲烷质量。在 20℃、1 个大气压的条件下，CH_4 的密度为 $0.67\times10^{-3}t/m^3$。

3）方法 3 按特定煤矿实测分析。对于省级煤炭开采和矿后活动甲烷逃逸排放清单编制，如各省市能够获得辖区内各矿井的实测甲烷涌出量，则首选基于煤矿的估算方法，即利用各个矿井的实测甲烷涌出量，求和计算地区的甲烷排放量。

3. 活动水平数据范围及其来源

（1）活动水平数据范围

考虑到各地煤层赋存条件差异，建议采用实测法，对甲烷逃逸排放量进行实测。实测法的活动水平数据为区域内各个矿井的甲烷排放量实测值和甲烷实际利用量。非实测法需要的活动水平数据包括不同类型煤矿的甲烷等级鉴定结果和分类型矿井的原煤产量、部分煤矿的实测煤矿甲烷排放量和抽放量、甲烷实际利用量等方面的数据。

（2）数据来源

国家层面的数据来源包括《中国煤炭工业年鉴》、《煤矿瓦斯等级鉴定结果统计》、省市国有重点煤矿所属矿务局统计资料等。如无法获得实测数据，可以通过专家分析等手段，整理出清单编制工作所需要的高、低甲烷矿井及露天矿原煤产，国有重点煤矿实测甲烷排放量，抽放矿井采煤量甲烷涌出量和抽放量，以及煤矿抽放甲烷利用量等活动水平数据。

4. 排放因子及其确定方法

不同煤矿的甲烷排放因子见表 9-6。

表 9-6 不同煤矿的甲烷排放因子

<table>
<tr><th>煤矿种类</th><th>活动环节</th><th>低值（m³/t）</th><th>平均值（m³/t）</th><th>高值（m³/t）</th><th>数据来源</th></tr>
<tr><td rowspan="2">井工矿</td><td>煤炭开采</td><td>10</td><td>18</td><td>25</td><td rowspan="4">《IPCC 国家温室气体排放清单指南》</td></tr>
<tr><td>矿后活动</td><td>0.9</td><td>2.5</td><td>4</td></tr>
<tr><td rowspan="2">露天矿</td><td>煤炭开采</td><td>0.3</td><td>1.2</td><td>2</td></tr>
<tr><td>矿后活动</td><td>0</td><td>0.1</td><td>0.2</td></tr>
<tr><td rowspan="3">井工矿</td><td>重点煤矿</td><td colspan="3">8.37</td><td rowspan="7">《省级温室气体清单编制指南（试行）》</td></tr>
<tr><td>地方煤矿</td><td colspan="3">8.35</td></tr>
<tr><td>乡镇煤矿</td><td colspan="3">6.93</td></tr>
<tr><td rowspan="2">露天矿</td><td>煤炭开采</td><td colspan="3">2</td></tr>
<tr><td>矿后活动</td><td colspan="3">0.5</td></tr>
<tr><td colspan="2">高瓦斯矿</td><td colspan="3">3</td></tr>
<tr><td colspan="2">低瓦斯矿</td><td colspan="3">0.9</td></tr>
</table>

注：IPCC 方法中，对于井工矿，平均开采深度<200m，应选择低值；对于深度>400m，应选择高值；对于中间深度，可以使用平均值。对于露天矿，平均覆盖层深度小于 25m，选取低值；覆盖层深度超过 50m，应选择高值；对于中间深度或缺少有关覆盖层厚度的数据，可使用排放因子的平均值。

9.2.3　石油和天然气系统甲烷逃逸排放

1. 排放源界定

这里包括石油和天然气系统促成的所有温室气体排放，燃料燃烧除外。石油和天然气系统包括生产、收集、处理或提炼和将天然气及石油产品送往市场所需的一切基础设施。系统起始于井源，即石油及天然气来源，到最终销售至消费者处终止。其中，天然气系统的相关活动环节包括勘探、天然气开采、加工处理、消费；石油系统包括：勘探、常规原油开采、稠油开采、原油储运及输送、原油进口及原油加工炼制环节。其中天然气开采、常规原油开采和天然气输送三个环节是基于设施的排放源。

2. 计算方法

总体来讲，目前石油和天然气系统甲烷逃逸排放的核算方法主要有三种：方法 1 主要为静止源化石燃料燃烧，基于产量的排放因子法；方法 2 主要为不能应用方法 3 的关键类别，通过质量平衡法计算石油系统的甲烷逃逸排放，必须考虑所有已生产气体和蒸气的去向；方法 3 是在各个设施中应用严格自上而下初级类型来源评估，基于移动排放源的排放因子方法。

计算公式如下：

$$E_{\mathrm{CH_4}} = \sum \mathrm{AD}_i \times \mathrm{EF}_i \tag{9-16}$$

式中　$E_{\mathrm{CH_4}}$——油气系统甲烷逃逸排放总量（t）；

AD_i——设施 i 的油气产量（t）；

EF_i——设施 i 的甲烷逃逸排放因子（$\mathrm{tCH_4/t}$ 油气产量）。

方法 1 是最简单的应用方法，但易受诸多不确定性因素的影响。方法 3 基于设施，对排放源严格按照从下到上的评估计算，辅以计算临时和次要装置的排放。关键排放源的天然气开采、天然气输送、常规原油开采环节采用基于设施的方法 3，其余环节主要采用方法 1。

3. 活动水平数据范围及其来源

（1）活动水平数据范围

对于油气系统的甲烷逃逸排放，省级清单编制所需要的活动水平数据为油气开采、输送、加工等各个环节的设备数量或活动水平（如天然气加工处理量、原油运输量等）数据。

（2）数据来源

活动数据绝大多数来源于各大油气公司的统计报表、统计年鉴及统计手册，如《中石油股份天然气开发数据手册》《中国石油天然气集团公司统计年报》《全国天然气开发数据手册》《全国油田开发数据手册》《中石化集团公司统计年鉴》等。

4. 排放因子及其确定方法

排放因子可参考《省级温室气体编制指南（试行）》确定，油气系统甲烷排放因子见表 9-7。

表 9-7 油气系统甲烷排放因子

活动环节	逃逸排放源的设施类型	甲烷排放因子（t/个，年）	甲烷排放因子
天然气开采	井口装置	2.5	—
	常规集气系统	51.5	—
	计量/配气站	8.5	—
	储气总站	68.4	—
天然气加工处理	—	—	542t/10 亿 m^3
天然气输送	增压站	95.1	—
	计量站	45	—
	管线（逆止阀）	6.3	—
天然气消费	—	—	133t/亿 m^3
常规油开采	井口装置	0.2	—
	单井储油装置	0.6	—
	接转站	0.3	—
	联合站	1.8	—
稠油开采	—	—	14t/万 t
原油储运	—	—	753t/亿 t
原油炼制	—	—	5000t/亿 t

9.2.4 案例分析：我国煤矿的甲烷排放估算[⊖]

根据国家能源局的相关公告与调研材料，获得我国 14 个大型煤炭基地 2019 年煤炭产能，根据甲烷排放公式进行排放核算，矿区煤矿甲烷排放计算如下：

$$E_{CH_4}=AD\times EF\times\rho_{CH_4}$$

式中 E_{CH_4}——煤矿甲烷排放量（t）；

AD——井工开采原煤产量（t）；

EF——甲烷逃逸排放因子（m^3/t）。

ρ_{CH_4}——甲烷密度，可将甲烷体积转换为甲烷质量。在 20℃、1 个大气压的条件下，CH_4 的密度为 $0.67\times10^{-3}t/m^3$。

从《IPCC 国家温室气体排放清单指南》得到煤矿甲烷排放因子，见表 9-8。为进一步更好测算甲烷排放，对开采深度在 200～400m 的井工矿、覆盖深度在 25～50m 的露天矿利用插值法进行甲烷排放因子计算。计算公式如下：

$$EF=EF_{low}+[(h-h_{low})\times(EF_{high}-EF_{low})/(h_{high}-h_{low})]$$

式中 EF——中间深度排放因子；

h——开采深度（m）；

⊖ 资料来源：《中国煤炭格局变化对煤矿甲烷排放的影响及原因》。

h_{low}——200m、25m；

h_{high}——400m、50m；

EF_{high}——甲烷排放因子高值；

EF_{low}——甲烷排放因子低值。

表 9-8　IPCC 煤矿甲烷排放因子

煤矿种类	活动环节	低值（m^3/t）	平均值（m^3/t）	高值（m^3/t）
井工矿	煤炭开采	10	18	25
	矿后活动	0.9	2.5	4
露天矿	煤炭开采	0.3	1.2	2
	矿后活动	0	0.1	0.2

注：对于井工矿，平均开采深度<200m，应选择低值；对于深度>400m，应选择高值；对于中间深度，可以使用平均值。对于露天矿，平均覆盖层深度小于 25m，选取低值；覆盖层深度超过 50m，应选择高值；对于中间深度或缺少有关覆盖层厚度的数据，可使用排放因子的平均值。

由此得到 2019 年我国 14 个煤炭基地甲烷排放量，如图 9-5 所示。

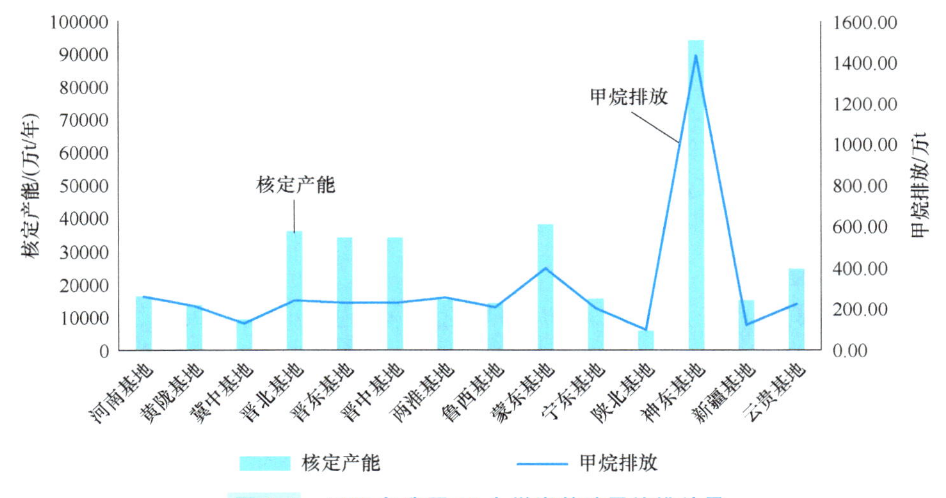

图 9-5　2019 年我国 14 个煤炭基地甲烷排放量

9.3　森林碳汇资产管理

9.3.1　森林碳汇的定义

碳汇一般是指从大气中清除二氧化碳的活动、过程或者机制。森林植物群落通过光合作用吸收大气中的二氧化碳并将其固定在森林植被与土壤中的所有活动、过程或机制，即被称为森林碳汇。森林是陆地生态系统中最大的碳库，其覆盖了地球 31%的土地，对降低温室气体浓度具

区域森林碳汇资产管理案例介绍

有至关重要的作用。

9.3.2 森林碳汇的核算方法

森林碳汇的估测研究主要采用基于森林生物量的计算方法，即生物量法，通过林木等植物个体或群落的有机物质总量乘以含碳系数得到碳存储量，进而得到碳汇。

1. 森林生物量估算

生物量法的关键在于如何计算出准确的生物量。森林生物量估算可以通过直接测量和间接测量得到。其中，直接测量的方法有皆伐法和标准木法。直接测量的优点是获取的数据准确度高，但是工作量较大，同时会给生态造成破坏。间接测量则是建立在生物量模型、遥感监测等基础上进行估测，目前，估计森林生物量比较通用的做法是通过将树木胸径（D）、树高（H）和 HD^2 作为自变量来间接估计。可以归纳为以下三种基本结构，其中非线性模型是一种较常用的模型形式。

线性模型：

$$B=a_0+a_1x_1+\cdots+a_ix_i+\varepsilon \tag{9-17}$$

非线性模型：

$$B=a_0x_1^{a_1}x_2^{a_2}\cdots x_i^{a_i}+\varepsilon \tag{9-18}$$

多项式：

$$B=a_0+a_1x_1+a_2x_2^2+\cdots+a_ix_i^i+\varepsilon \tag{9-19}$$

式中 B——生物量（kg 或 g）；

a_i——模型参数，$i=1$，2，3，…；

x_i——第 i 类测试因子（如 D，H，DH^2，…）$i=1$，2，3，…；

ε——随机误差。

基于胸径-树高异速生长关系及分形几何理论与立木生物学特性关系建立的异速生长模型可表示如下：

$$Y=aX^bE \tag{9-20}$$

式中 Y——林木生物量；

X——测树因子；

b——相对生长系数；

E——随机误差。

由此，可以建立采用林木胸径（D）、树高（H）作为测树因子的一元和二元相对生长模型：

$$W=aD^b \tag{9-21}$$

$$W=a(D^2H)^b \tag{9-22}$$

式中 W——整株或者某一器官的生物量（kg）；

D——林木胸径（cm）；

H——林木树高（m）；

a——与树木密度有关的系数；

b——与生长环境有关的系数。

2. 森林碳汇核算

需要注意的是，森林碳汇的计算可能还需要考虑其他因素，如土壤碳储量、林木年龄、林地利用变化等。此外，不同地区和组织可能采用不同的计算方法和参数。因此，具体的计算公式可能会有所不同。本节主要介绍目前使用较为广泛的传统生物量换算因子法、蓄积量法及生物量清单法。

（1）传统生物量换算因子法

$$C = \sum B \times C_c \tag{9-23}$$

$$B = V \times S \times \mathrm{BEF} \tag{9-24}$$

式中 C——固碳量；

B——某一树种的总生物量；

C_c——含碳系数；

V——某一树种的平均蓄积量；

S——某一树种的面积；

BEF——生物量扩展因子（Biomass Expansion Factor），可以用林木地上生物量与树干生物量之比表示，也可以使用 IPCC 提出的转换因子常数。

（2）蓄积量法

碳汇实物量核算一般采用蓄积量法。碳汇实物量主要包括林木碳汇量、林下植被碳汇量和林地碳汇量。在较长时间尺度下，林下植被碳汇量和林地碳汇量变化不大，对生产经营不会产生较大影响，因此主要介绍林木碳汇量。其计算公式如下：

$$C = V \times \mathrm{BEF} \times \rho \times C_c \tag{9-25}$$

式中 C——林木碳汇量（t）；

V——林木蓄积量（m^3）；

BEF——生物量扩展因子，一般取 1.90；

ρ——将林木生物量蓄积转换成生物干质量的系数，即容积密度（t/m^3），一般取 0.45～0.50；

C_c——将生物干质量转换成固碳量的系数，即含碳率，一般取 0.5。

其中，BEF、ρ、C_c 可用 IPCC 推荐值，生物量扩展因子 BEF＝1.9，容积密度 $\rho = 0.5t/m^3$，含碳率 $C_c = 0.5$。

（3）生物量清单法

生物量清单法是建立在生物量和蓄积量关系为基础的碳汇核算方法。

$$C_i = V_i \times d_i \times \frac{1}{\mathrm{BEF}} \times C_c \tag{9-26}$$

式中 C_i——某树种总碳储量；

V_i——某类森林蓄积量；

d_i——某种树干密度；

C_c——植物含碳系数。

9.3.3 湖北省襄阳市森林碳汇资产管理案例

以湖北省襄阳市为例，截至“十三五”末期，全市林业用地面积1416万亩[⊖]，森林面积1341万亩，森林覆盖率45.51%，高于全国平均水平22.5%，高于全省平均水平3.67%，位列全省第七位，森林蓄积量5151.9万m^3，位列全省第四位。对于碳汇林建设，襄阳市政府指出“推进林业碳汇行动，增强碳汇能力。实施碳汇林业工程，将国土绿化与碳汇林有机结合起来，聘请第三方机构，按照碳汇林标准统一设计、统一建设、统一投入生产使用。规划期内，建成碳汇林181.8万亩”。已知襄阳市的优势树种为松树、杉树、柏树，植被类型主要以北亚热带落叶阔叶林为主，生物量方程见表9-9。

表9-9 全国优势种（组）生物量方程

优势树种（组）/植被类型	器官	$W=aD^b$			$W=a(D^2H)^b$			胸径范围/cm
		a	b	r^2	a	b	r^2	
杉木及其他杉类	干枝叶根	0.0543	2.4242	0.99	0.0422	0.8623	0.96	5~60
		0.0255	2.0726	0.99	0.0206	0.7367	0.96	
		0.0773	1.5761	0.99	0.0664	0.5589	0.95	
		0.0513	2.0338	0.99	0.0418	0.7222	0.96	
柏木		0.0937	2.2225	0.99	0.0335	0.9422	0.96	5~61
		0.0323	2.3338	0.99	0.0108	0.9916	0.96	
		0.0236	2.3106	0.99	0.0079	0.9824	0.96	
		0.0570	2.1651	0.99	0.0205	0.9203	0.96	
马尾松及其他松类		0.0292	2.8301	0.91	0.0237	1.0015	0.94	5~40
		0.0021	3.2818	0.89	0.0016	1.1628	0.92	
		0.0021	2.8392	0.91	0.0017	1.0033	0.94	
		0.0194	2.3497	0.77	0.0170	0.8259	0.78	
亚热带落叶阔叶林		0.0546	2.5027	0.96	0.0263	0.9695	0.98	5~81
		0.0433	2.0727	0.94	0.0232	0.8055	0.97	
		0.0138	2.0650	0.94	0.0075	0.8015	0.96	
		0.0653	2.0193	0.94	0.0381	0.7620	0.94	

资料来源：《中国森林生态系统碳储量——生物量方程》。

以$W=aD^b$为例，计算生物量扩展因子BEF。

⊖ 1亩$=666.\dot{6}m^2$。

$$W_{干}=0.0546D^{2.5027}$$
$$W_{枝}=0.0433D^{2.0727}$$
$$W_{叶}=0.0138D^{2.0650}$$
$$W_{根}=0.0653D^{2.0193}$$

本节以分器官生物量之和代替单组生物量，因此，根据 BEF 的定义计算得到亚热带落叶阔叶林的生物量扩展因子为 1.2。综上，襄阳市森林碳汇量测算值见表 9-10。

表 9-10　襄阳市森林碳汇量测算值

时期	林地面积（万亩）	森林面积（万亩）	森林蓄积量（万 m^3）	蓄积量法	生物量清单法
				碳汇量（万 t）	碳汇量（万 t）
“十三五”末期	1416	1341	5151.9	1931.96	1520.74
“十四五”	1417.5	48%以上	5600	1680	1143.33

蓄积量法：

$$C=V\times \mathrm{BEF}\times\rho\times C_{\mathrm{c}}=1931.96\ 万\ \mathrm{t}$$

生物量清单法：

$$C_i=V_i\times d_i\times\frac{1}{\mathrm{BEF}}\times C_{\mathrm{c}}=1520.74\ 万\ \mathrm{t}$$

故根据襄阳市“十三五”末期数据及“十四五”目标，对襄阳市碳汇进行估算。此外，考虑碳市场交易，按照上海环境能源交易所数据，2023 年全国碳排放权交易市场最高碳价 82.79 元/t（2023 年碳交易最高碳价）、均价 66.65 元/t、收盘价 79.42 元/t 进行计算，得到襄阳市森林碳汇金额见表 9-11。

表 9-11　襄阳市森林碳汇金额

2023 年全国碳排放权交易市场碳价（元/t）		“十三五”碳汇金额（亿元）		“十四五”碳汇金额（亿元）	
		蓄积量法	生物量清单法	蓄积量法	生物量清单法
最高碳价	82.79	15.99	12.59	13.91	9.47
平均碳价	66.65	12.88	10.14	11.20	7.62
收盘价	79.42	15.34	12.08	13.34	9.08

附　录
碳排放配额分配方法

附表 1　碳排放配额的基本分配方法

分配方法	描述	分配依据	优点	缺点
平均分配	每个参与者分得相同数量的配额	无	简单公平	忽略了历史排放和经济规模
历史排放基准	根据过去的排放数据分配配额	历史排放数据	保护了既得利益者	不利于新参与者
经济产出比例	根据 GDP 比重分配配额	经济总量	促进经济增长	可能导致排放增加
人口比例	根据国家或地区人口数分配	人口数量	公平，考虑了人口分布	不考虑经济发展水平
排放强度基准	根据单位经济产出的排放量分配	排放强度（排放量/GDP）	激励提高能效	高排放强度者可能得到更多配额
行业基准配额	根据特定行业的标准分配	行业特定标准	体现行业特性	对跨行业比较不公平
竞拍	通过拍卖方式分配配额	竞拍出价	生成政府收入、市场导向	对资金不足的参与者不利
免费配额+超额罚款	基础配额免费，超额部分罚款	基准线+实际排放	降低参与初期成本	可能导致过度排放
更新技术基准	以最新技术为基准分配配额	最佳可用技术（BAT）	促进技术革新	对技术更新慢的国家不利

附表 2　基于历史排放的分配方法

分配方法	描述	历史排放数据参考期	实施地区	优点	缺点	补偿措施
绝对历史基准	根据历史排放数据直接分配	1990 年—2005 年	全球/区域性	既定企业优势	创新受限	步进式减排
强度历史基准	根据单位产品产出的历史排放分配	2000 年—2010 年	产业特定	鼓励效率	成长惩罚	弹性限额
更新历史基准	每隔一定年份更新基准线	2010 年—2015 年	国别特定	更公平	管理复杂	过渡期支持

附表 3　基于经济活动的分配方法

分配方法	描述	分配依据	经济发展水平	优点	缺点	市场影响
固定经济比例	根据经济规模比例分配	国内生产总值（GDP）	高/中/低	公平性强	忽略了产业差异	增长激励
动态经济因素	经济增长率决定增配量	经济增长率	高增长国家	激励增长	过度放纵	扩张性
经济效率改进	按经济效率改进分配	节能降耗率	能效提升潜力	促技术发展	实施难度大	技术驱动

附表 4　综合考量的混合分配方法

分配方法	描述	分配依据组合	时效性	环境效果	实施难度	补偿与过渡	备注
起步量分配+竞拍	初始分配一定量，剩余通过竞拍获得	起步量+市场竞价	短期	中等	中等	竞拍收入可用于补偿	合理平衡
基础免费+超额罚款	基础配额免费，超出部分按市场价格购买	基础配额+市场价格	中长期	较好	较高	过渡期降低要求	灵活性较高
行业混合模式	行业特定的混合分配策略	行业基准+经济增长+竞拍等	长期	高	高	特定行业补贴	行业特定需求

参考文献

[1] 陈敏鹏.《联合国气候变化框架公约》适应谈判历程回顾与展望［J］. 气候变化研究进展，2020，16（1）：105-116.

[2] 陈夏娟.《巴黎协定》后全球气候变化谈判进展与启示［J］. 环境保护，2020，48（Z1）：85-89.

[3] 杜诗韵. 国际气候谈判的发展演变［D］. 北京：外交学院，2022.

[4] 陈星星. 全球成熟碳排放权交易市场运行机制的经验启示［J］. 江汉学术，2022，41（6）：24-32.

[5] 秦博宇，周星月，丁涛，等. 全球碳市场发展现状综述及中国碳市场建设展望［J］. 电力系统自动化，2022，46（21）：186-199.

[6] 陈骁，张明. 碳排放权交易市场：国际经验、中国特色与政策建议［J］. 上海金融，2022（9）：22-33.

[7] 张妍，李玥. 国际碳排放权交易体系研究及对中国的启示［J］. 生态经济，2018，34（2）：66-70.

[8] 李威. 欧盟碳排放权交易体系对我国碳市场发展的借鉴与启示［J］. 海南金融，2023（4）：44-51.

[9] 张晓燕，殷子涵，李志勇. 欧盟碳排放权交易市场的发展经验与启示［J］. 清华金融评论，2023（2）：28-31.

[10] 刘洋，李寅. 国际碳市场发展建设的经验与启示：以欧盟碳边境调节机制为例［J］. 北方金融，2023（1）：62-65.

[11] 刘晓凤. 美国区域性碳市场：发展、运行与启示［J］. 江苏师范大学学报（哲学社会科学版），2017，43（3）：137-143.

[12] 刘颖，黄冠宁. 对美国芝加哥气候交易所的研究与分析［J］. 法制与社会，2018（2）：10-11.

[13] 肖艳，张汉林. 美国温室气体减排的实践与气候谈判的立场关联性研究［J］. 武汉理工大学学报（社会科学版），2013，26（3）：327-334.

[14] 边晓娟，张跃军. 澳大利亚碳排放交易经验及其对中国的启示［J］. 中国能源，2014，36（8）：29-33.

[15] 樊威. 澳大利亚碳市场执法监管体系对我国的启示［J］. 科技管理研究，2020，40（8）：267-274.

[16] 徐双庆，顾阿伦，刘滨. 日澳碳交易系统分析及对我国的启示［J］. 环境保护，2015，43（17）：64-67.

[17] 许凝青. 关于碳排放权应确认为何种资产的思考［J］. 福建金融，2013（8）：41-44.

[18] 刘学之，朱乾坤，孙鑫，等. 欧盟碳市场 MRV 制度体系及其对中国的启示［J］. 中国科技论坛，2018（8）：164-173.

[19] 臧宁宁. 从欧盟碳市场看我国碳市场金融属性建设［J］. 中国电力企业管理，2021（19）：33-35.

[20] 丁欢. 我国碳金融衍生产品市场发展研究［J］. 纳税，2019，13（20）：191-192.

[21] 钟莉莎. 碳市场建设的国际经验及启示［J］. 中国金融，2024（2）：84-85.

[22] 黄宏斌. 欧盟碳交易市场政策分析及其对中国的启示［J］. 北方经济，2023（12）：33-36.

[23] 范姝. 我国碳金融发展现状、问题与对策研究［J］. 能源，2023（12）：71-74.

[24] 王连凤. 国际碳排放权交易体系现状及发展趋势［J］. 金融纵横，2022（7）：74-79.

[25] 郭乾. 碳排放权交易体系建设的国际经验及启示［J］. 河北金融，2021（11）：25-28.

[26] 李涛. 北美地区碳排放交易机制经验与启示［J］. 海南金融，2021（6）：83-87.

[27] 郑爽. 国际碳排放交易体系实践与进展［J］. 世界环境，2020（2）：50-54.

[28] 于志东，张佳星，曾露，等. “双碳”目标下碳信息披露质量评价研究：以兖矿能源为例［J］. 中国煤炭，2023，49（11）：18-26.

[29] 黄金曦，何靓. “双碳”目标下上市公司碳信息披露研究：以石化行业为例［J］. 财会通讯，2023

（19）：17-23.
［30］袁睿. 中国上市公司碳信息披露研究［J］. 绿色财会，2023（10）：19-24.
［31］刘琨，张逸翔，杨炜峤. 碳中和背景下中国上市公司碳信息披露质量研究［J］. 商场现代化，2023（18）：131-133.
［32］沈洪涛. “双碳”目标下我国碳信息披露问题研究［J］. 会计之友，2022（9）：2-9.
［33］赵前. 碳信息披露研究综述［J］. 财会研究，2022（1）：47-51.
［34］李奇松，陈立芸. “双碳”背景下碳信息披露、利益相关者需求与企业价值关系研究［J］. 天津经济，2021（11）：3-8.
［35］李挚萍，程凌香. 企业碳信息披露存在的问题及各国的立法应对［J］. 法学杂志，2013，34（8）：30-39.
［36］王洋洋. 企业碳信息披露与融资约束［D］. 厦门：厦门大学，2021.
［37］何玉，唐清亮，王开田. 碳信息披露、碳业绩与资本成本［J］. 会计研究，2014（1）：79-86；95.
［38］闫海洲，陈百助. 气候变化、环境规制与公司碳排放信息披露的价值［J］. 金融研究，2017（6）：142-158.
［39］吴有妹. 碳信息披露对企业绿色创新的影响［D］. 济南：山东大学，2023.
［40］陈轶星. 碳盘查的国际通行标准及在我国实施的现状［J］. 甘肃科技，2012（28）：10-11.
［41］徐苗，张凌霜，林琳. 碳资产管理［M］. 广州：华南理工大学出版社，2015.
［42］吴宏杰. 碳资产管理［M］. 北京：清华大学出版社，2018.
［43］钱秀娜. 低碳经济背景下企业碳会计理论体系构建［D］. 成都：西南财经大学，2012.
［44］张鹏. 碳资产会计问题研究［D］. 重庆：重庆工商大学，2011.
［45］刘汉武. 在碳资产管理中的几个关键因素的综合分析［J］. 科技创业月刊，2013（8）：98-100.
［46］张文泉. 碳盘查标准与方法评介［J］. 设备监理，2012（2）：57-60.
［47］张鹏. 碳资产的确认与计量研究［J］. 财会研究，2011（5）：40-42.
［48］彭敏. 我国碳交易中碳排放权的会计确认与计量初探［J］. 财会研究，2010（8）：48-49.
［49］张志强，曲建升，曾静，等. 温室气体排放科学评价与减排政策［M］. 北京：科学出版社，2009.
［50］蔡博峰，刘春兰，陈操操. 城市温室气体清单研究［M］. 北京：化学工业出版社，2009.
［51］郭运功. 特大城市温室气体排放量测算与排放特征分析：以上海为例［D］. 上海：华东师范大学，2009.
［52］方施. 企业碳排放权会计核算体系研究［D］. 大连：东北林业大学，2012.
［53］聂祚仁. 碳足迹与节能减排［J］. 中国材料进展，2010（2）：60-63.
［54］邓明君，罗文兵，尹立娟. 国外碳中和理论研究与实践发展述评［J］. 资源科学，2013（5）：1084-1094.
［55］黄宏斌. 欧盟碳交易市场政策分析及其对中国的启示［J］. 北方经济，2023（12）：33-36.
［56］杨美昭. 企业温室气体排放量监测计量方法研究［D］. 保定：河北大学，2021.
［57］张晓梅，庄贵阳，刘杰. 城市温室气体清单的不确定性分析［J］. 环境经济研究，2018，3（1）：8-18；149.
［58］蒋忠，张亮，王海峰，等. 企业核算碳排放量不确定度评估［J］. 计量学报，2022，43（3）：420-426.
［59］程婷，胡淑恒，吕宙，等. 浅谈国内外温室气体清单编制方法学与现状［J］. 广州化工，2014，42（6）：13-16；33.
［60］唐葆君，王璐璐. 碳金融学［M］. 北京：中国人民大学出版社，2023.

[61] 赫尔. 期权、期货及其他衍生产品：原书第 9 版［M］. 王勇，索吾林，译. 北京：机械工业出版社，2014.

[62] 博迪，凯恩，马库斯. 投资学：原书第 9 版［M］. 汪昌云，张永冀，等译. 北京：机械工业出版社，2012.

[63] 王德宏. 证券投资分析理论、实务、方法与案例［M］. 北京：机械工业出版社，2023.

[64] 涂红. 企业碳信贷信用风险的预测模型与应用研究［D］. 南昌：南昌大学，2015.

[65] 李虹. 基于碳信贷的科技型中小企业融资机制与对策研究［D］. 天津：天津大学，2016.

[66] 李意德. 海南岛热带山地雨林林分生物量估测方法比较分析［J］. 生态学报，1993（4）：313-320.

[67] ZINAIS D，MENCUCCINAI M. On simplifying allometric analyses of forest biomass［J］. Forest Ecology And Management，2004，187：311-332.

[68] 令狐大智，罗溪，朱帮助. 森林碳汇测算及固碳影响因素研究进展［J］. 广西大学学报（哲学社会科学版），2022，44（3）：142-155.

[69] SCHROEDER P E，BROWN S，MO J，et al. Biomass estimation for temperate broad leaf forests of the United States using inventory data［J］. Forest Science，1997，43（3）：424-434.

[70] 童佩灵. 襄阳市森林植被碳储量高精度制图研究［EB/OL］.（2023-01-10）. https://3s. whu. edu. cn/info/1045/2185. htm.

[71] 国家林业和草原局. 中国生物多样性保护：湖北林业篇下［EB/OL］.（2020-11-13）. https://lyj.hubei. gov. cn/zwbhz/dzwbh/202011/t20201113_3029793. shtml.

[72] 周国逸，尹光彩，唐旭利，等. 中国森林生态系统碳储量：生物量方程［M］. 北京：龙门书局，2018.

[73] 范秋芳，张园园. 碳排放权交易政策对碳生产率的影响研究［J］. 工业技术经济，2021，40（12）：113-121.

[74] 张彩江，李章雯，周雨. 碳排放权交易试点政策能否实现区域减排？［J］. 软科学，2021，35（10）：93-99.

[75] 陈醒，徐晋涛. 中国碳交易试点运行进展总结［M］//薛进军，赵忠秀. 中国低碳经济发展报告：2017. 北京：社会科学文献出版社，2017.

[76] 范丹，王维国，梁佩凤. 中国碳排放交易权机制的政策效果分析：基于双重差分模型的估计［J］. 中国环境科学，2017，37（6）：2383-2392.

[77] 胡长庆. 我国碳排放权交易价格影响因素研究［D］. 太原：山西财经大学，2024.

[78] JIANG J，BIN Y，XIAO M. The construction of Shenzhen's carbon emission trading scheme［J］. Energy Policy，2014，75：17-21.

[79] 冯浩博. 上海市碳交易市场波动性特征分析及价格预测［J］. 生产力研究，2023（12）：37-43；161.